Florian Freistetter

DER ASTRONOMIE-VERFÜHRER

WIE DAS WELTALL UNSEREN ALLTAG BESTIMMT

ROWOHLT TASCHENBUCH VERLAG

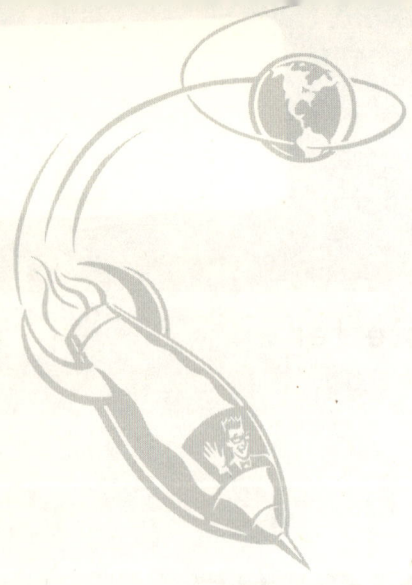

2. Auflage Februar 2015

Veröffentlicht im Rowohlt Taschenbuch Verlag,
Reinbek bei Hamburg, Juli 2014
Copyright © 2013 by Carl Hanser Verlag, München
Originaltitel: «Der Komet im Cocktailglas.
Wie Astronomie unseren Alltag bestimmt»
Umschlaggestaltung ZERO Werbeagentur, München
(Umschlagabbildung: Sheila Kinakin / ImageZoo / Corbis)
Illustrationen im Buchinneren Gottfried Müller
Satz aus der Proforma, InDesign,
bei Pinkuin Satz und Datentechnik, Berlin
Druck und Bindung
CPI books GmbH, Leck, Germany
ISBN 978 3 499 62366 0

Inhalt

Einleitung   9

Teil 1: Auf der Straße   13
Der Wind aus der Vergangenheit   13
Der Mond steigt auf die Bremse   21
Satellitenfernsehen: Die ganze Wahrheit   26
Die Uhr am Himmel   45
Lukrative Kollisionen   56

Teil 2: Im Park   65
Leise rieselt der Staub   65
Frühling, Sommer, Herbst & Crash!   71
Ein Hoch auf den Treibhauseffekt   76
Auf der Suche nach außerirdischen Bäumen   79
Weltraumwasser   84
Wo die Dinos heute leben   88
Die vielen Augen der Astronomen   101

Teil 3: In der Bar 115

Die Sonne in der Suppenschüssel 115

Alles kommt von den Sternen 136

Dämmerung ist Ansichtssache 140

Der Urknall auf der Mattscheibe 149

Die Suche nach der Dunkelheit 160

Teil 4: Unterm Sternenhimmel 167

Mit dem Taxi durch die Raumzeit 167

Auf dem kürzesten Weg von A nach B 179

Weißt du, wie viel Sternlein stehen …? 189

Der Mond und die Menschen 196

Am Ende wird es dunkel 208

Das Universum im Bücherregal 213

Register 219

Für Fabian.
Ich denke immer an dich.

Einleitung

Astronomie: Das ist das, was weit draußen im All passiert. Astronomie ist die Wissenschaft mit den gigantischen Zahlen und den unvorstellbaren Distanzen. Astronomie sind ferne Sterne, fremde Planeten, unbekannte Galaxien und schwarze Löcher. Astronomie findet am Himmel über uns statt, im dunklen Kosmos. Astronomie ist weit weg. Astronomie hat nichts mit unserem Alltag zu tun.

Das alles ist richtig. Bis auf den letzten Satz. Astronomie spielt in unserem Alltag sehr wohl eine Rolle. Denn es stimmt zwar, dass die Astronomie sich mit fernen Sternen beschäftigt und mit noch ferneren Galaxien, mit schwarzen Löchern in den Tiefen des Alls, mit Dingen, die vor Milliarden Jahren geschehen, und Himmelskörpern, die unvorstellbar weit entfernt sind. Aber wir leben nicht getrennt vom Rest des Universums, sondern mittendrin. Und der Weltraum ist gar nicht so weit entfernt, wie man denken mag. Er beginnt 100 Kilometer über unseren Köpfen – eine Strecke, die wir am Boden mit dem Auto in weniger als einer Stunde zurücklegen können. Selbstverständlich nehmen die Vorgänge im Weltall Einfluss auf unser alltägliches Leben. Wie könnte es auch anders sein? Die Erde ist ein Teil des Universums. Sie ist ein Planet, der sich durch das Weltall bewegt. Ein Planet, der einen Stern umkreist: unsere Sonne. Die wiederum ist ein ganz normaler Stern, der mit Hunderten Milliarden von anderen Sternen unsere Galaxie bildet: die Milchstraße. Und die Milchstraße ist nur eine von Hunderten Milliarden Galaxien, die das gesamte sichtbare Universum bevölkern. Wir sind ein kleiner Bestandteil des unvorstellbar großen Kosmos. Und alles, was in ihm passiert, betrifft auch uns Menschen, ganz konkret, in unserem Alltag.

Egal, ob wir zu Hause sitzen, ob wir durch einen Wald spazieren oder die Straße entlangschlendern, ob wir im Auto unterwegs sind oder auf dem Fahrrad, ob wir im Park sind oder im Büro: Astronomische Phänomene spielen überall eine Rolle. Was im Universum passiert, passiert auch uns Menschen. Die Astronomie ist überall! Wir müssen nur die Augen aufmachen und ein klein wenig über die Dinge nachdenken, die wir sehen.

Der Schatten, den ein Baum wirft, und der Wind, der seine Blätter zum Rascheln bringt, sagen uns etwas darüber, wie sich unser Planet bewegt. Der Staub am Boden erzählt von gewaltigen Katastrophen, und blühende Blumen und zwitschernde Vögel zeigen uns, was diese Katastrophen für Folgen haben. Das Frühstücksbrötchen berichtet von seinem Ursprung in gewaltigen Feuern im Inneren der Sterne. Die dunkle Nacht zeigt uns den Anfang des Universums und das helle Sonnenlicht die Zukunft der Erde. Kein Ort auf der Erde ohne Astronomie. Nirgends. Das Universum ist nicht nur irgendwo da draußen, in den Tiefen des Alls, es ist gleich um die Ecke, direkt vor unserer Nase. Um es zu erkunden, brauchen wir kein Raumschiff, sondern nur zwei Beine: Kommen Sie mit auf einen Spaziergang durch das Universum direkt vor unserer Haustür!

Teil 1:
Auf der Straße

Machen wir uns auf den Weg in die Stadt. Zunächst die Treppe hinunter und dann durch die Tür ins Freie. Wir werden dem Universum dabei an jeder Ecke begegnen. Schon der erste Schritt vor die Haustür bringt uns zurück zum Anfang des Sonnensystems! Vor unserer Tür ist auf den ersten Blick alles wie immer: eine normale Straße. Häuser, Fenster, Autos, die vor den Einfahrten parken. Alles ist uns völlig vertraut. Aber heute werden wir die Dinge einmal auf eine andere Art und Weise betrachten. Denn überall im Alltag versteckt sich das Universum.

Der Wind aus der Vergangenheit

Während wir auf dem Bürgersteig stehen und unsere Wohnstraße betrachten, kommt Wind auf und weht uns durch die Haare. Ebenfalls ein völlig alltägliches Ereignis. Doch dieser Wind ist ein Bote aus der Frühzeit des Sonnensystems; aus einer mehr als 4,5 Milliarden Jahre alten Vergangenheit, in der es noch keinen Planeten Erde gab. Das klingt überraschend, ist aber wahr. Wir müssen nur hinter die Fassade des Alltäglichen blicken.

Was ist Wind? Wind ist Luft, die sich bewegt. Unsere Erde ist von einer Hülle aus Luft umgeben. Diese Luft steht nicht still, sondern ist ständig in Bewegung. Die Ursache dafür sind Unterschiede im Luftdruck. Die Luft ist immer um Ausgleich bemüht und fließt von Bereichen mit hohem in Bereiche mit niedrigerem Luftdruck. Die Temperatur der Luft, die sich im Laufe eines Tages und auch im Laufe eines Jahres ständig ändert, erzeugt immer wieder neue Unterschiede im Luftdruck.

Wärmere Luft dehnt sich aus und steigt auf, kältere Luft zieht sich zusammen und sinkt ab, und die Menge an Luft, die sich über einem bestimmten Punkt auf der Erde befindet, verändert sich. Und weil deswegen nicht immer gleich viel Luft nach unten auf den Boden drückt, verändert sich auch der Luftdruck.

Im großen Maßstab sind es die Hoch- und Tiefdruckgebiete, die unser Wetter bestimmen. Ein Hochdruckgebiet heißt so, weil dort ein höherer Luftdruck herrscht, im Tiefdruckgebiet ist der Luftdruck im Vergleich zum Durchschnittswert geringer.

Beide Gebiete werden von Winden umströmt. Allerdings nicht völlig wahllos. Es gibt Regeln: Auf der Nordhalbkugel der Erde umströmt die Luft Hochdruckgebiete immer im Uhrzeigersinn, Tiefdruckgebiete gegen den Uhrzeigersinn. Auf der Südhalbkugel ist es genau umgekehrt. Für dieses Verhalten ist die Rotation der Erde verantwortlich. Um das zu verstehen, machen wir in Gedanken einen kleinen Urlaub ...

Stellen wir uns vor, wir würden an einem Strand liegen, irgendwo am Äquator. Obwohl wir nur im Liegestuhl vor uns hin dösen, bewegen wir uns doch. Denn die ganze Erde dreht sich jeden Tag einmal um ihre Achse. Wenn wir unsere Liege 24 Stunden lang nicht verlassen, hat uns die Erde genau einmal herumgedreht.¹ Wir haben dabei eine Strecke zurückgelegt, die der gesamten Länge des Äquators entspricht. Das sind immerhin ziemlich genau 40 000 Kilometer, die wir zurückgelegt haben, ohne unseren bequemen Platz am Strand verlassen zu müssen. 40 000 Kilometer in 24 Stunden, das entspricht fast 1700 Kilometern pro Stunde! Wenn wir das Pech haben, nicht an unserem Traumstrand liegen zu dürfen, sondern daheim im Büro sitzen müssen, dann dreht die Erde uns auch hier herum. Allerdings legen wir jetzt keine 40 000 Kilometer mehr zurück. Nehmen wir zum Beispiel an, unser Büro ist in Berlin. Die Stadt liegt am 52. Breitengrad.² Folgen wir hier einem Kreis einmal um die Erde, so kommen wir in Richtung Westen zuerst bei Münster und Rotterdam vorbei, danach passieren wir London und kreuzen den Atlantik. Solange wir immer auf dem 52. Breitengrad bleiben, werden wir das Festland erst wieder im kanadischen Neufundland erreichen. Im Westen des amerikanischen Kontinents stoßen wir nördlich von Vancouver auf den Pazifik. Japan und China verpassen wir knapp, auf dem eurasischen Kontinent landen wir in Sibirien. Wir durchqueren Russland und betreten in Weißrussland wieder unseren Heimatkontinent Europa. Noch ein kurzer Besuch in Warschau, und schon sind wir wieder zurück in Berlin. Wir haben uns immer nur entlang des 52. Breitengrades bewegt, und unsere Reise war schlappe 24 700 Kilometer lang.

1 Genau genommen dauert es ein paar Sekunden weniger. Es hängt davon ab, wie man «einmal herum» definiert. Der Unterschied wird später noch genauer erklärt werden.
2 Der Äquator selbst ist der 0. Breitengrad, am Nordpol befindet man sich bei einer Breite von genau 90 Grad. Genau zwischen Äquator und Nordpol liegt der 45. Breitengrad. Am 52. Breitengrad in Berlin sind wir also dem Nordpol ein bisschen näher als dem Äquator.

Der Wind aus der Vergangenheit

So weit reisen wir also am Tag, wenn wir an unserem Schreibtisch sitzen. Am Äquator hat uns die Drehung der Erde innerhalb von 24 Stunden 40 000 Kilometer weit transportiert. In Berlin nur 24 700 Kilometer. Dadurch sind wir natürlich auch langsamer als am Äquator. 24 700 Kilometer in 24 Stunden entsprechen nur noch knapp 1000 km/h. Und je weiter wir nach Norden gehen, desto langsamer werden wir. Wer sich zum Beispiel in der Stadt Ny-Ålesund auf der Insel Spitzbergen im nördlichen Polarmeer befindet, der legt dank der Erdrotation an einem Tag nur noch 7700 Kilometer zurück und bewegt sich daher mit einer Geschwindigkeit von 320 km/h. Direkt am Nordpol selbst bewegt man sich schließlich gar nicht mehr, sondern dreht sich innerhalb von 24 Stunden nur einmal um seine eigene Achse.

Was hat das alles mit dem Wetter zu tun? Es spielt doch keine Rolle, wie schnell wir uns zusammen mit der Erde bewegen. Wir merken ja sowieso nichts davon! Das ist richtig. Aber nur, solange wir in unserem Liegestuhl am Strand, unserem Büro in Berlin oder auf Spitzbergen bleiben. Stellen wir uns wieder vor, wir entspannen gerade am Äquatorstrand. Von den 1700 km/h, mit denen uns die Erde herumwirbelt, merken wir nichts. Der ganze Rest bewegt sich ja ebenso schnell. Nun werden wir aber einfach so zurück nach Berlin gebeamt, in unser Büro. Dort wartet der Chef auf uns. Auch er sitzt ruhig an seinem Schreibtisch und merkt ebenfalls nichts von den 1000 km/h, mit denen er sich dank der Erdrotation bewegt. Nun tauchen aber wir plötzlich dort auf. Frisch vom Strand nach Berlin gebeamt, bewegen wir uns immer noch mit 1700 km/h, also 700 km/h schneller als die Berliner Bürokollegen. Unser Chef kann daher nur einen kurzen Blick auf uns werfen, bevor wir aus seiner Sicht mit

700 km/h Richtung Osten davonsausen. Die Geschwindigkeit, mit der uns die Erde bewegt, spielt nur so lange keine Rolle, wie sich auch alles andere mit der gleichen Geschwindigkeit bewegt. Bei einem schnellen Ortswechsel ist das aber nicht mehr der Fall.

In der Realität passiert so etwas natürlich nicht. Wir können uns nicht einfach hin und her beamen. Aber die Luft bewegt sich problemlos rund um die Erde. Sie fließt vom Äquator in Richtung Norden oder Süden und ist dann genau mit dem gleichen Problem konfrontiert wie wir in unserem Gedankenexperiment. Aus der Sicht der schnellen, vom Äquator nach Norden strömenden Luft dreht sich die Erde immer langsamer, je weiter sie nach Norden kommt. Und so, wie wir aus Sicht unseres Chefs nach Osten rauschten, nachdem wir vom Äquator nach Berlin gebeamt worden waren, bewegt sich nun auch die Luft schneller nach Osten als die Erde unter ihr. Vom Erdboden sieht es so aus, als würde die nach Norden strömende Luft umso stärker nach Osten abgelenkt, je weiter sie nach Norden strömt. Befindet sich nun ein Tiefdruckgebiet irgendwo über Europa, dann strömt die Luft aus allen Richtungen darauf zu. Die Luft, die aus dem Süden kommt, wird nach Osten abgelenkt. Die Luft aus dem Norden dagegen nach Westen. Luft strömt also nicht auf direktem Weg in das Tiefdruckgebiet, sondern bildet eine Spirale, die sich gegen den Uhrzeigersinn dreht.[3]

Man nennt diesen Ablenkungseffekt auch Corioliskraft. Sie ist für den Wind verantwortlich, der sich um die Hoch- und Tiefdruckgebiete bewegt. Nicht verantwortlich dagegen ist sie für die Richtung, in der das Wasser im Abfluss Strudel bildet. Es

---

3 Auf der Südhalbkugel funktioniert das genauso, nur sind hier alle Richtungen umgekehrt.

wird gerne behauptet, auf der Nordhalbkugel würde das Wasser gegen den Uhrzeigersinn abfließen und auf der Südhalbkugel im Uhrzeigersinn. Theoretisch übt die Corioliskraft tatsächlich den gleichen Einfluss auf das Wasser aus wie auf die strömende Luft. Ein Klo, ein Waschbecken oder eine Badewanne sind allerdings viel zu klein, als dass der Effekt hier irgendeine Wirkung haben kann. In welche Richtung das Wasser abfließt, hängt von der Form des Beckens ab und von der Richtung, in der sich das abströmende Wasser gerade zufällig zum Abfluss bewegt.

Das Wetter und den Wind, der unsere Frisur durcheinanderbringt, verdanken wir also der Rotation der Erde. Aber warum dreht sie sich eigentlich? Könnte es nicht zumindest auch theoretisch so sein, wie es sich die Wissenschaftler der Antike vorgestellt haben? Da dachte man ja noch, die Erde wäre das unbewegte Zentrum des Alls und alles würde sich um sie herumbewegen? Wie kommt es, dass sich die Erde und alle andere Planeten um ihre eigenen Achsen drehen?

Den Grund dafür finden wir in der Vergangenheit, vor etwa 4,5 Milliarden Jahren. Damals gab es noch keine Planeten. Es gab noch nicht mal eine Sonne. Dort, wo sich heute unser Sonnensystem befindet, gab es nur eine riesige Wolke aus Gas und Staub. Dann passierte etwas. Vielleicht zog ein anderer Stern in der Nähe dieser Wolke vorbei. Oder ein Stern in der Nähe explodierte. Was genau damals geschehen ist, können wir heute nicht mehr sagen. Doch wir wissen: Die Wolke wurde gestört. Das Gas und der Staub wurden ein wenig durcheinandergewirbelt. Das Material war nun nicht mehr gleichmäßig verteilt. In einigen Regionen befand sich mehr Staub und Gas als in anderen. Die dichteren Bereiche übten nun eine stärkere Gravitationskraft aus als zuvor und begannen, das Gas und den Staub aus der

Umgebung anzuziehen. Die Wolke bildete Klumpen, die umso schneller wuchsen, je größer sie wurden.

Die Verklumpung der Wolke hatte Auswirkungen auf die Bewegung der Teilchen. Sie bewegten sich um die Klumpen herum. Je näher sie den Klumpen kamen, desto stärker wurde ihre Anziehungskraft und desto schneller wurden sie. Auch die Klumpen selbst bewegten sich. Je dichter ein Klumpen wurde, desto schneller begann er sich zu drehen. Wir kennen das Phänomen von Eisläufern. Je enger ein Eisläufer Arme und Beine an sich zieht, je kompakter er also wird, desto schneller dreht er sich. So wie man Energie nicht erzeugen oder vernichten kann, kann auch die Energie der Drehung nicht einfach verschwinden. Genau das Gleiche passierte auch in unserer Wolke. Je mehr Gas und Staub ein Klumpen anzog, desto dichter und kompakter wurde er und desto schneller drehte er sich. Die Klumpen wurden also immer dichter und dichter und zogen immer mehr Material an. In ihrem Inneren wurde es immer wärmer. Sie wurden zu «Protosternen» (d. h. noch unfertigen Sternen), und jeder von ihnen war von einer rotierenden Scheibe aus dem restlichen Gas und Staub umgeben.

Einer dieser Protosterne sollte unsere Sonne werden. Die Klumpen fielen unter ihrer eigenen Anziehungskraft immer weiter in sich zusammen. Je heißer es im Protostern wurde, desto schneller bewegten sich die Atome in seinem Inneren hin und her. Dabei kollidierten sie natürlich auch immer wieder miteinander und prallten dabei zuerst noch voneinander ab. Erst als eine kritische Temperaturgrenze bei etwa 10 Millionen Grad überschritten wurde, waren die Atome so schnell, dass sie bei einer Kollision miteinander verschmelzen konnten. Diesen Prozess nennt man «Kernfusion», und er setzt Energie frei. Der

Protostern fing nun an zu strahlen. Die Strahlung, die aus seinem Inneren nach außen drang, wirkte der andauernden Kompression entgegen und stoppte den Kollaps der Klumpen. Der Protostern wurde stabil – unsere Sonne war geboren!

Die junge Sonne war allerdings immer noch von einer großen Scheibe aus Gas und Staub umgeben. In ihr lief der gleiche Prozess ab wie zuvor in der Wolke. Staubteilchen stießen miteinander zusammen und blieben aneinander haften. Die Teilchen wuchsen, bis aus der Staubscheibe ein riesiger Ring aus kilometergroßen Felsbrocken geworden war. Auch diese kollidierten weiter miteinander und wuchsen an. Einige der Brocken wuchsen schneller als die anderen, übten eine immer größere Anziehungskraft aus und rissen immer mehr Brocken an sich. Aus ihnen entstanden schließlich die Planeten. Auch die drehten sich umso schneller um ihre eigene Achse, je dichter und kompakter sie waren. Einer dieser Planeten war die Erde. Und ihre turbulente Entstehungsgeschichte ist der Grund, warum sie nicht stillsteht, sondern sich um ihre eigene Achse dreht.

Wir leben also auf einer gigantischen Kugel aus Metall und Gestein, die sich unablässig um sich selbst dreht. Diese Drehung ist eine direkte Ursache der Vorgänge, die stattfanden, als das Sonnensystem geformt wurde. Heute bestimmt sie das Verhalten von Wind und Wetter. Der Wind, der uns auf dem Bürgersteig so stark um die Nase weht, ist eine Folge der Entstehung unseres Planeten vor 4,5 Milliarden Jahren.

Der Mond steigt auf die Bremse

Da wir uns gemeinsam mit der Erde drehen, bemerken wir ihre Rotation nicht. So sieht es für uns auch so aus, als würde sich der Rest des Universums um uns herum bewegen. Die Sonne, der eigentliche Fixpunkt in unserem Sonnensystem, bewegt sich aus unserer Sicht täglich über den Himmel. Während wir vor unserem Haus standen und uns Gedanken über den Wind und die Entstehung der Erde gemacht haben, ist sie ein gutes Stück über den Himmel gewandert. Die Schatten der Häuser in der Nachbarschaft, die Schatten der Balkone, Bäume und Satellitenschüsseln haben sich alle ein kleines Stück bewegt. Noch ist es früh am Morgen. Während die Sonne am Himmel weiter nach oben steigt, werden die Schatten kürzer werden. Mittags, während sie genau über unseren Köpfen steht, sind die Schatten am kürzesten. Danach beginnen sie wieder zu wachsen, so lange, bis die Sonne am Abend hinter dem Horizont untergeht. Dieses Spiel wiederholt sich Tag für Tag. Alle 24 Stunden geht die Sonne auf, alle 24 Stunden unter. In Wahrheit ist es natürlich die Erde, die sich einmal in 24 Stunden um ihre eigene Achse dreht. Das war aber nicht immer so.

Aus unserem Alltag sind wir es gewohnt, dass jede Drehung irgendwann einmal aufhört, wenn man keine Energie aufwendet, um die Bewegung aufrechtzuerhalten. Ein Kinderkreisel steht irgendwann still und fällt um. Das liegt aber nur daran, dass sich der Kreisel *innerhalb* der Erdatmosphäre bewegt und sich ständig an der Luft reibt. Die Erde selbst dreht sich im luftleeren Weltall. Hier gibt es keine Reibung, die die Erde bremsen könnte. Einmal in Drehung versetzt, sollte sie sich also immer weiterdrehen. Das tut sie auch – immerhin rotiert sie schon seit 4,5 Milliarden Jahren. Aber die Erde wird langsamer, und schuld daran ist der Mond!

Würden wir nicht direkt vor unserer Haustür stehen, sondern am Strand eines Meeres, könnten wir die Gezeiten beobachten. Alle 12 bis 13 Stunden fällt beziehungsweise steigt der Meeresspiegel; wir nennen diese Phänomene «Ebbe» und «Flut». Grund dafür ist die Anziehungskraft des Mondes. Oft hört man, der Mond würde das Wasser der Erde anziehen und so einen Flutberg erzeugen. Und da sich die Erde ja um ihre Achse dreht, wandere der Flutberg aus unserer Sicht jeden Tag einmal um sie herum. Diese einfache Erklärung ist aber falsch. Wäre es tatsächlich so, gäbe es nur eine Flut pro Tag. Wir beobachten aber zwei. Es gibt nicht nur einen Flutberg, der sich direkt *unter* dem Mond befindet, sondern einen zweiten, genau auf der gegenüberliegenden Seite der Erde. Die Sache mit Ebbe und Flut ist also ein klein wenig komplizierter ...

Um die Gezeiten zu verstehen, müssen wir uns daran erinnern, dass die Gravitationskraft eine Kraft ist, die mit dem Abstand immer kleiner wird. Der Zusammenhang zwischen der Stärke der Kraft und dem Abstand ist «quadratisch». Das bedeutet: Verdoppelt man den Abstand zwischen zwei Objekten, so ist die Kraft zwischen ihnen nicht doppelt so klein wie zuvor, sondern viermal so klein (zwei zum Quadrat ergibt vier). Verdreifacht man den Abstand, ist die Kraft neunmal so gering (drei zum Quadrat ergibt neun) und so weiter. Die Entfernung spielt also eine wichtige Rolle, wenn wir wissen wollen, welche Kraft der Mond auf die Erde ausübt. Es gibt auf der Erdoberfläche zu jeder Zeit einen Punkt, der dem Mond am nächsten ist. Ignorieren wir einmal hohe Berge, dann ist das immer der Punkt, der dem Mond genau gegenüberliegt. Da wir hier dem Mond am nächsten sind, wirkt an diesem Ort auch die größte Gravitationskraft. Genau auf der anderen Seite des Globus liegt der Punkt, der am weitesten vom Mond entfernt ist, Er befindet sich knapp 13 000 Kilometer weiter entfernt, und diese zusätzliche Entfernung sorgt dafür, dass die Anziehungskraft des Mondes hier geringer ist. Die Erde wird also auf der einen Seite stärker zum Mond hingezogen als auf der gegenüberliegenden Seite.

Die Gravitationskraft ist nie einseitig. Jeder Himmelskörper zieht jeden anderen Himmelskörper an. Wenn wir sagen: «Der Mond bewegt sich um die Erde», dann ist das eigentlich nicht völlig korrekt. Der Mond wird von der Erde und die Erde vom Mond angezogen. Daher umkreisen beide Himmelskörper ihren gemeinsamen Schwerpunkt, so wie zwei Eiskunstläufer, die sich an den Händen halten und im Kreis drehen. Wären Erde und Mond genau gleich schwer, dann würden sie ebenfalls um einen Punkt kreisen, der genau in der Mitte zwischen ihnen liegt. Die Erde ist aber viel schwerer als der Mond. Der Schwerpunkt liegt also sehr viel näher an der Erde. Genau genommen liegt er nur 4700 Kilometer vom Erdmittelpunkt entfernt und damit noch *innerhalb* der Erde selbst. Deswegen wackelt sie nur ein wenig, während der Mond sich um sie herumbewegt.

Betrachten wir nun die Anziehungskraft des Mondes in Bezug auf das Zentrum der Erde. Aus dieser ergeben sich nämlich die Gezeiten. An dem Punkt der Erdoberfläche, der genau unter dem Mond liegt, ist die Kraft am größten. Sie ist vor allem größer als die Kraft, die im rund 6500 Kilometer entfernten Zentrum der Erde wirkt. Wenn wir jetzt die Kraft, die im Erdzentrum wirkt, von der Kraft, die an der Erdoberfläche zu spüren ist, abziehen, dann bleibt eine Nettokraft übrig, die in Richtung Mond wirkt. Er zieht tatsächlich das Wasser direkt unter ihm an und erzeugt so einen Flutberg. Auf der anderen Seite der Erde sind wir nicht nur 13 000 Kilometer weiter vom Mond entfernt, sondern auch 6500 Kilometer weiter vom Mittelpunkt der Erde. Jetzt ist die Kraft, die im Zentrum wirkt, größer als die Kraft, die der Mond auf den entferntesten Punkt an der Erdoberfläche ausübt. Wenn wir die Kraft im Zentrum von der an der Oberfläche abziehen, dann bekommen wir eine Kraft, die vom Mond wegwirkt.

Vereinfacht kann man sich das so vorstellen: Der Mond zieht die Erde an und auch das Wasser der Ozeane. Auf der Seite der Erde, die dem Mond genau gegenüberliegt, ist die Anziehungskraft am stärksten, und der Mond erzeugt einen Flutberg. Auf der mondabgewandten Seite ist die Kraft am schwächsten. Simpel gesagt wird hier nicht das Wasser von der Erde weggezogen, sondern die Erde vom Wasser. Die Kraft des Mondes auf die Erde ist an dieser Stelle stärker als die auf das Wasser (es ist ja am weitesten vom Mond entfernt). Deswegen hängt das Wasser ein wenig hinterher und bildet einen zweiten Flutberg. Die beiden Flutberge folgen im Prinzip der Drehung des Mondes. Wenn die Erde sich nicht drehen würde, so würden die beiden Wasserberge gemeinsam mit dem Mond einmal im Monat um die Erde wandern.[4] Die Erde steht aber nicht still. Sie dreht sich einmal täglich um ihre Achse, und das Wasser der Ozeane dreht sich mit. Auch die Flutberge werden von der sich drehenden Erde mitgerissen, obwohl sie das eigentlich gar nicht wollen. Der Wasserberg direkt unter dem Mond befindet sich daher nicht

---

[4] Vorausgesetzt, wir ignorieren auch die Küsten und Kontinente, die die Wanderung der Wasserberge aufhalten. Genau genommen wirken die Gezeiten natürlich nicht nur auf das Wasser, sondern auf die komplette Erde. Aber das Gestein der Kontinente ist nicht flüssig und reagiert viel langsamer als das Wasser, das sich leichter bewegen lässt.

wirklich «direkt» unter dem Mond, sondern ein bisschen weiter vorne, weil ihn die Rotation der Erde regelrecht anschiebt. Genauso läuft der Flutberg auf der Rückseite ein wenig hinterher, weil er hier der Erdrotation entgegenlaufen muss und gebremst wird.

Dies ist die Reibung, die die Rotation der Erde verlangsamt! Der Mond verursacht Gezeitenberge aus Wasser, die um die Erde laufen und dabei nicht frei der Erdrotation folgen können, sondern durch die Anziehungskraft des Mondes gehalten werden. Dadurch entsteht eine Reibung, und die bremst die Erde ganz langsam ab. Der Effekt ist wirklich gering, aber messbar. Pro Jahr dreht sich die Erde aufgrund dieser Gezeitenreibung um 17 Mikrosekunden länger. Das ist wenig, im Laufe der Zeit aber summiert es sich. Vor 400 Millionen Jahren brauchte die Erde keine 24 Stunden, um sich einmal um ihre Achse zu drehen; sie schaffte es in 22 Stunden. Das Jahr hatte deswegen auch keine 365 Tage, sondern ganze 400!

Die Abbremsung wird auch in Zukunft weitergehen. Die Erde wird immer langsamer und langsamer werden (ganz zum Stillstand kommen wird sie allerdings nicht). In ferner Zukunft wird der Mond sie so weit gebremst haben, dass sie für eine Drehung um ihre Achse genauso lange braucht wie der Mond für einen Umlauf um die Erde. Ist dieser Zustand erreicht, stoppt die Gezeitenreibung. Erdrotation und Mondumlaufzeit sind jetzt identisch, und die Flutberge liegen immer exakt unter dem Mond beziehungsweise genau auf der gegenüberliegenden Seite der Erde. Die Flutberge, die Erde und der Mond bewegen sich mit der gleichen Geschwindigkeit, und es gibt keine Abbremsung mehr. (Auf dem Mond selbst ist das schon passiert – siehe dazu «Der Mond und die Menschen», Seite 196 f.)

Bis dies geschieht, wird aber noch sehr viel Zeit vergehen.[5] Derzeit dauert ein Tag noch die gewohnten 24 Stunden. Die Erde dreht sich weiter um ihre Achse, und die Schatten werden Tag für Tag wandern.

Satellitenfernsehen: Die ganze Wahrheit

Wir stehen immer noch vor dem Haus und denken über den Mond nach. Währenddessen haben sich die Schatten schon wieder ein gutes Stück bewegt. Der Schatten der nachbarlichen Satellitenschüssel fällt jetzt auf einen ganz anderen Ort als zuvor. Während wir so die Fenster und Balkone in den Nachbarhäusern betrachten, fällt uns noch etwas auf. Die meisten von ihnen haben einen Fernsehapparat, und die meisten von ihnen benutzen eine Satellitenschüssel, um die Fernsehsender zu empfangen. Wenn wir genau hinsehen, merken wir, dass die Satellitenschüsseln nicht wahllos ausgerichtet sind. Die meisten von ihnen zeigen in dieselbe Richtung am Himmel. Das ist kein Zufall! Der Grund dafür liegt in der Struktur von Raum und Zeit selbst. Satellitenschüsseln verraten uns nämlich etwas über die fundamentalen Eigenschaften des Universums, in dem wir leben!

Die Satellitenschüsseln sind natürlich deswegen auf eine bestimmte Position am Himmel gerichtet, damit sie das Signal des Satelliten empfangen können, der im All seine Runden um die Erde zieht. Damit man ein Fernsehprogramm sehen kann, muss man wissen, wo sich der Satellit befindet, ansonsten bleibt

---

5 Es dauert sogar so lange, dass dieser Zustand nie erreicht werden wird. Denn bevor es so weit ist, wird die Sonne in ungefähr 6 Milliarden Jahren die Erde schon zerstört haben.

der Bildschirm schwarz. Das Wissen über die Bewegung der Himmelskörper bildet also die Grundlage unseres Fernsehprogramms. Wir neigen dazu, über alltägliche Dinge nicht mehr nachzudenken. Wenn wir es schaffen, den Alltag mit frischem Blick zu betrachten, dann sehen wir eine Welt, die nichts mehr mit dem zu tun hat, was wir gewöhnt sind. So profan und alltäglich die Satellitenschüssel auch ist: Sie ist ein wunderbares Beispiel dafür. Sie fällt uns normalerweise überhaupt nicht auf. Wenn doch, dann ärgern wir uns höchstens über ihre Hässlichkeit. Doch wenn wir verstehen wollen, warum sie das tun kann, was sie tut, und warum sie auf einen bestimmten Punkt am Himmel gerichtet werden muss, so landen wir wieder in tiefer Vergangenheit – diesmal nicht des Universums, sondern des Menschen. Die Satellitenschüssel ist das Resultat jahrtausendelanger menschlicher Beschäftigung mit dem Himmel. Sie ist das Resultat wissenschaftlicher Revolutionen und sich wandelnder Weltbilder. Sie zeigt deswegen auf einen bestimmten Punkt am Himmel, weil das Fundament unseres Universums – Raum und Zeit – eine ganz bestimmte Struktur hat. Weil die Himmelskörper, also auch die künstlichen Satelliten, überall im Universum ganz bestimmten Naturgesetzen unterliegen und die Planeten sich auf ganz bestimmte Art und Weise bewegen.

Dass die Himmelskörper sich bewegen, war den Menschen schon immer klar. Man braucht ja nur nach oben zu sehen: Im Laufe der Nacht dreht sich der ganze Sternenhimmel über unseren Köpfen. Irgendetwas muss also in Bewegung sein. Früher war man der Ansicht, dass es der Himmel sein musste. Erstens konnte man direkt *sehen*, dass er sich mitsamt den Sternen drehte. Und ebenso direkt konnte man *spüren*, dass der Boden unter den Füßen ruhig war. Die Erde musste sich also unbewegt im Zentrum des Universums befinden und alles andere um sie herumdrehen. Das war durchaus logisch, denn schließlich wurde die Erde ja von Gott extra für die Menschen geschaffen, und welchen Platz sollte die Krone der Schöpfung einnehmen, wenn nicht den im Zentrum?

Schon in der Antike aber zweifelten manche Denker daran, dass die Erde sich nicht bewegt. Man konnte bereits damals durch Beobachtungen und kluge Berechnungen herausfinden, dass die Sonne größer ist als die Erde. Und war es nicht logischer, wenn sich die kleinere Erde um die große Sonne dreht? Damals hatte man jedoch noch keine Vorstellung, warum sich überhaupt irgendetwas bewegt. Man konnte zwar die Bewegung der Himmelskörper sehen und in gewissem Maße auch vorhersagen. Die Prognosen waren allerdings sehr ungenau, und da niemand die Ursache der Bewegung kannte, wusste auch keiner, ob man mit den Himmelsmodellen richtig lag oder nicht. Man ging in der Antike davon aus, dass jede Materie bestrebt ist, sich zum Zentrum des Universums zu bewegen. Und da alles, was man auf der Erde fallen lässt, nach unten fällt, müsse dieses Zentrum im Erdmittelpunkt sein. Die Philosophen waren damals überzeugt: Die Erde war der Mittelpunkt des Kosmos, und alles bewegt sich deswegen um sie herum.

Neben der Drehung des Himmels beobachteten die Menschen aber auch andere Objekte, die sich bewegen. Die hellen Lichtpunkte am Nachthimmel – die Sterne – befanden sich immer am gleichen Ort. Der Himmel als Ganzes drehte sich zwar um die Erde, die Position der Sterne untereinander aber blieb gleich. Ein paar Lichtpunkte gab es jedoch, die sich nicht an diese Regeln hielten. Sie bewegten sich nicht *mit* dem Himmel, sondern *über* den Himmel! Die Griechen nannten diese Objekte πλανήτης (planētēs), das bedeutet «Wanderer». Wir nennen diese Himmelskörper heute «Planeten». Im Gegensatz zu den Sternen konnte man ihre Bewegung deutlich erkennen. Eine genaue Untersuchung dieser Bewegungen brachte schließlich den großen Durchbruch. Die gewonnenen Erkenntnisse stellten unser Verständnis des Kosmos mehrmals auf den Kopf – und sie bestimmen, wohin die Satellitenschüsseln ausgerichtet werden müssen. Was hatte man herausgefunden?

Schon seit die Menschen den Himmel beobachten, haben sie auch den Weg der «Wanderer» verfolgt. Die ungewöhnlichen Lichter am Himmel wurden mit Göttern assoziiert. Man war deswegen nicht nur aus wissenschaftlichen Gründen daran interessiert, ihre Bewegung vorherzusagen, sondern auch aus religiösen. Bis weit ins Mittelalter hinein galt das ptolemäische Weltbild als beste Beschreibung des Kosmos. Claudius Ptolemäus war ein griechischer Gelehrter, der vor knapp 2000 Jahren ein Buch verfasste, das heute hauptsächlich unter seinem arabischen Namen bekannt ist: «Almagest». Darin beschrieb Ptolemäus die Bewegung der Planeten, hatte dabei aber zwei Probleme zu lösen. Da der Himmel als das Reich der Götter angesehen wurde, ging man eigentlich davon aus, dass dort alles perfekt und ordentlich war. Die Bewegung der Himmelskörper hatte daher gleichmäßig zu sein und musste mit perfekten Formen beschrieben werden. Die Realität sah aber anders aus.

Die Planeten bewegten sich am Himmel mal langsamer und mal schneller. Und manchmal sogar ein Stückchen rückwärts, bevor sie ihren normalen Weg wieder aufnahmen. Ein simples Weltbild, in dem die Erde im Zentrum steht und sich die Planeten auf kreisförmigen Bahnen um sie herumbewegen, war nicht in der Lage, die Beobachtungen zu beschreiben.

Ptolemäus musste tief in die mathematische Trickkiste greifen, um die Forderungen nach Ordnung und Perfektion mit dem, was man am Himmel sah, in Einklang zu bringen.[6] Er setzte die Erde in den Mittelpunkt des Kosmos und umgab sie mit verschiedenen kugelförmigen Schalen. Die Planeten bewegten sich nun aber nicht entlang dieser perfekten Kreisbahnen, sondern entlang kleinerer Kreise, deren Mittelpunkt wiederum den großen Kreisen um die Erde folgte. Doch selbst diese komplizierte sogenannte Epizykeltheorie reichte zur Beschreibung der Bewegungen noch nicht aus. Ptolemäus musste noch weiter an den großen und kleinen Kreisen herumbasteln, sie hin und her schieben und die Punkte verändern, um die herum sie sich bewegten. Am Ende hatte er ein äußerst kompliziertes Modell, das die Position der Himmelskörper nach damaligen Maßstäben einigermaßen genau vorhersagen konnte. Es war nützlich – aber schön und vor allem einfach war es nicht. Es war ein kompliziertes und unhandliches Gebilde und sah, wenn wir ehrlich sind, ziemlich zusammengepfuscht aus. Es basierte auf einer Idee, die falsch war, und musste deswegen ständig modifiziert werden. Dadurch konnte man zwar die Beobachtungsdaten mit den Berechnungen halbwegs in Einklang bringen, schöner wurde die Sache aber nicht. König Alfons von Kastilien meinte in einer Diskussion mit einem Astronomen einmal dazu: «Hätte mich der liebe Gott bei der Schöpfung des Weltalls herangezogen, so hätte ich ihm größere Einfachheit empfohlen!»

Eine «größere Einfachheit» wäre dann entstanden, wenn man nicht mehr die Erde in den Mittelpunkt gestellt hätte, sondern die Sonne. Wenn sich die Erde mitsamt allen anderen

---

6 Dabei bediente er sich bei schon vorhandenen Theorien, die seine Vorgänger entwickelt hatten, zum Beispiel Hipparch oder Apollonios von Perge.

Planeten um die Sonne herumbewegt, lässt sich zum Beispiel die Rückwärtsbewegung mancher Himmelskörper ganz leicht als Projektionseffekt erklären: Da sich die Erde nun selbst bewegt, ändert sich die Position, von der aus wir auf die anderen Planeten blicken, und manchmal sieht das deswegen so aus, als würden sie sich ein Stück rückwärts bewegen. Bis sich diese Ansicht durchsetzte, sollte aber noch einige Zeit vergehen. Es musste erst die kopernikanische Revolution kommen, die das geozentrische Weltbild der Antike durch das heliozentrische der Renaissance ersetzte.

Vergessen wir aber trotz aller wissenschaftsgeschichtlichen Abschweifungen nicht, dass wir immer noch dabei sind zu verstehen, warum die Satellitenschüsseln auf den Dächern in eine bestimmte Richtung zeigen. Das mag auf den ersten Blick wenig mit all den großen Ereignissen der Geschichte zu tun haben. Aber die Revolutionen von gestern sind der Alltag von heute! Das Wissen, das uns heute dazu dient, so etwas Profanes wie eine Satellitenschüssel auf dem Dach zu montieren, hat noch vor ein paar hundert Jahren die größten Gelehrten der Welt beschäftigt. Es musste sich erst unser komplettes Weltbild ändern, bevor wir den Fernsehapparat einschalten können.

Aus heutiger Sicht mag es seltsam erscheinen, dass die Menschen jahrtausendelang nicht herausgefunden haben, dass sich die Erde um die Sonne dreht. Was haben die die ganze Zeit getrieben, wieso war niemand in der Lage, dieses fundamentale Problem zu lösen? Was man nicht vergessen darf, ist, dass die Wissenschaft im heutigen Sinn damals noch nicht existiert hat. Anstatt die Natur genau zu beobachten und sich davon leiten zu lassen, standen philosophische und religiöse Dogmen im Vordergrund. Ausgangspunkt der Erkenntnis waren keine Beobachtungsdaten, sondern philosophische Überlegungen. Dass sich die Erde im Zentrum des Universums befand, war nicht nur die Lehrmeinung der antiken griechischen Philosophen, sondern auch der Kirche, und die stand über der Natur. Der Wandel, der am Ende die moderne Wissenschaft hervorbrachte, ein komplett neues Weltbild und am Ende auch die Satellitenschüssel, stand noch aus.

Er setzte im Jahr 1543 ein, als das Buch «De Revolutionibus Orbium Coelestium» gedruckt wurde. Sein Autor war Nikolaus Kopernikus, und als das Werk erschien, war er bereits tot. Damit ersparte er sich jede Menge Ärger und Streit, denn vielen gefiel nicht, was er behauptete. Kopernikus setzte die Sonne in die Mitte des Universums und ließ die Planeten mitsamt der Erde auf kreisförmigen Bahnen um sie herumlaufen. Das vereinfachte manche Dinge zwar, doch auch Kopernikus musste das Modell mit komplizierten Änderungen ähnlich den Epizykeln des Ptolemäus ausstatten, um die Beobachtungen ausreichend gut erklären zu können.

Wenn sich die Sonne zum Beispiel direkt im Mittelpunkt der kreisförmigen Planetenbahnen befand, konnte man mit Kopernikus' Modell nicht erklären, warum die Planeten mal langsamer und mal schneller über den Himmel wanderten. Das ging nur, wenn sie ein klein wenig neben dem Zentrum stand, und das störte die grundlegende Einfachheit des kopernikanischen Modells.

Aber nicht nur deshalb waren viele seiner Zeitgenossen skeptisch. Sein neues Weltbild wurde vor allem aus religiösen Gründen abgelehnt. Aus der Bibel meinten die Geistlichen herauslesen zu können, dass die Erde unbewegt im Zentrum des Universums stand. Martin Luther beispielsweise nannte Kopernikus einen «Narren», da im Buch Josua[7] Gott die Bewegung der Sonne stoppte und nicht die der Erde. Also müsse es die Sonne sein, die sich um die Erde bewegt. Die Wissenschaftler allerdings ließen sich von Kopernikus' vereinfachter Darstellung des Himmels rasch überzeugen.

Ein besonders bekannter Vertreter des heliozentrischen Weltbilds war Galileo Galilei. Er war der Erste, der probierte, dieses Problem tatsächlich durch Beobachtungen zu lösen. Anstatt sich in philosophischen Spekulationen über die Weltsysteme zu ergehen, wollte er durch die Betrachtung der Natur selbst herausfinden, was richtig ist und was nicht. Und damit gilt er zu Recht als einer der Begründer der modernen Naturwissenschaft. Galilei war zudem in einer damals einzigartigen Situation. Denn im Jahr 1609 stand ihm ein Instrument zur Verfügung, das keiner seiner Vorgänger gehabt hatte: ein Teleskop. Erst wenige Jahre zuvor war es erfunden worden. Galilei war der Erste, der es auf den Himmel richtete. Und dort sah er Dinge, die niemand zuvor gesehen hatte: kleine Himmelskörper zum Beispiel, die sich eindeutig um den Planeten Jupiter herumbewegten: Galilei entdeckte vier Monde des Jupiters – Io, Europa, Ganymed, Callisto –, die heute als Galilei'sche Monde bekannt sind. Die Erde war demnach nicht für alle kosmischen Objekte das Zentrum, um das sie kreisten. Und wenn sich bereits diese kleinen Himmelskörper um den Jupiter bewegen konnten, warum sollten

---

[7] Josua 10,12–13: «Damals, als der Herr die Amoriter den Israeliten preisgab, redete Josua mit dem Herrn; dann sagte er in Gegenwart der Israeliten: Sonne, bleib stehen über Gibeon, und du, Mond, über dem Tal von Ajalon! Und die Sonne blieb stehen, und der Mond stand still, bis das Volk an seinen Feinden Rache genommen hatte. Das steht im ‹Buch des Aufrechten›. Die Sonne blieb also mitten am Himmel stehen, und ihr Untergang verzögerte sich ungefähr einen ganzen Tag lang.» (Einheitsübersetzung)

dann nicht auch welche um die Sonne laufen? «Weil im Teleskop nur Unsinn zu sehen ist!», antworteten viele Zeitgenossen Galileis. Gerade die Philosophen und Kleriker wollten nicht akzeptieren, dass man im Teleskop Dinge ausmachen konnte, die dem bloßen Auge verborgen waren. Warum sollte Gott etwas erschaffen, das die – ebenfalls gottgeschaffenen – Augen nicht sehen können? Das Teleskop sei nur ein optischer Trick und die Dinge darin nicht real!

Aber auch wenn sich manche seiner Kollegen anfangs weigerten, durch das Teleskop zu blicken und seine Beobachtungen zu akzeptieren, ließ sich Galilei nicht beirren. Die Entdeckung der ersten Jupitermonde war nur der Anfang. Als Nächstes nahm er sich die Beobachtung der Venus vor. Diese wird von der Sonne angeleuchtet, und je nachdem, wo sie sich im Verhältnis zu Sonne und Erde befindet, sehen wir mehr oder weniger von ihrer hellen Seite. Beim Mond ist uns das ganz vertraut. Mal sehen wir nur die Hälfte der beleuchteten Seite und nennen das «Halbmond». Zu anderen Zeiten ist Vollmond, Neumond oder nur eine schmale, helle Sichel sichtbar. So wie der Mond muss auch die Venus Phasen haben. Sollte sich die Venus nun gemeinsam mit der Sonne um die Erde bewegen, dann dürfte sie nur verschieden dicke Sicheln zeigen, aber zum Beispiel keine «Halbvenus» oder «Vollvenus». Wenn sie sich allerdings gemeinsam mit der Erde um die Sonne bewegte, so musste sie so wie unser Mond den kompletten Phasendurchlauf, von der Sichel über die «Halbvenus» bis hin zur «Vollvenus» zeigen. Das alles war Galilei bewusst.

Mit freiem Auge konnte allerdings niemand die Phasen der Venus gut genug beobachten. Galilei aber benutzte sein Teleskop und war in der Lage, die Phasen zu betrachten. Er sah nicht nur die sichelförmige Venus, sondern auch alle anderen Phasen! Das alte Weltbild des Ptolemäus hatte sich als falsch herausgestellt. Leider folgte daraus nicht, dass das neue Weltbild des Kopernikus richtig war. Denn da gab es noch ein «Kompromissmodell», das der dänische Astronom Tycho Brahe entwickelt hatte.

Brahe war ein äußerst fähiger Astronom. Ihm muss klar gewesen sein, wie kompliziert das ptolemäische Weltbild im Vergleich zu Kopernikus' Modell war. Trotzdem wollte er sich nicht von der Gewissheit der letzten Jahrtausende lösen, dass die Erde im Mittelpunkt des Universums steht. Um die Idee des Kopernikus aber trotzdem zu retten, erklärte er, dass sich zwar die Sonne um die Erde bewege, alle anderen Planeten jedoch um die Sonne. Nach Brahe steht also die Erde im Zentrum und wird von der Sonne umkreist, die alle anderen Himmelskörper im Schlepptau hat. Dieses Modell ist weder einfacher noch ästhetischer und schon gar nicht plausibler als das ptolemäische Weltbild. Aber Tycho Brahe vermied damit den Schritt, den damals viele für zu dramatisch hielten: die Erde aus dem Mittelpunkt des Universums zu verbannen. Darum fand sein Weltbild für einige Zeit viele Anhänger und auch Galileis Beobachtungen konnten daran nichts ändern. Da sich auch bei Brahe die Venus um die Sonne bewegte (wenn auch nicht um die Erde wie noch bei Ptolemäus), sagte es die gleiche Abfolge an Phasen voraus wie das Modell von Kopernikus.

Tycho Brahe versuchte mit seinem Modell das Weltbild der Antike in die Renaissance hinüberzuretten. Am Ende waren es aber seine eigenen Beobachtungsdaten, die es zu Fall brachten: Zu Brahes Zeit steckten noch in vielen Köpfen die Dogmen der Antike. So war bei Kopernikus oder Brahe noch immer der perfekte Kreis die Grundlage der Planetenbewegung – wie bei Ptolemäus. Diese Form sah man als so außerordentlich und bedeutend an, dass sie beim Aufbau des Kosmos einfach eine Rolle spielen musste. Für die Natur jedoch ist es irrelevant, was der Mensch sich wünscht. Sie ist einfach so, wie sie ist, und unsere Dogmen und unser Sinn für Ästhetik haben keinen Einfluss auf die Realität.

Es war ein Schüler von Tycho Brahe, der es schließlich schaffte, das zu erkennen. Johannes Kepler arbeitete lange gemeinsam mit Brahe, durfte aber nie die Beobachtungsdaten des dänischen Astronomen benutzen. Erst als Brahe im Jahr 1601 starb und Kepler sein Nachfolger als kaiserlicher Hofmathematiker von Rudolf II. in Prag wurde, standen ihm endlich alle Daten zur Verfügung.[8] In den nächsten acht Jahren machte sich Kepler daran, sie auszuwerten. Und 1609 war es endlich so weit: Im gleichen Jahr, in dem Galilei seine ersten Beobachtungen mit dem Teleskop anstellte, veröffentlichte Kepler sein Buch «Astronomia Nova». Und es ist tatsächlich eine «Neue Astronomie», die hier das Licht der Welt erblickte. In der Einleitung schreibt Kepler:

«Auf Geheiß Ew. Majestät führe ich endlich einmal den hochedlen Gefangenen zur öffentlichen Schaustellung vor, dessen ich mich schon vor einiger Zeit unter dem Oberbefehl Ew. Majestät in einem beschwerlichen und mühevollen Krieg bemächtigt habe.»

---

8 Für das immer wieder auftauchende Gerücht, Kepler hätte bei Brahes Tod ein wenig nachgeholfen und ihn vergiftet, gibt es allerdings keine historischen Belege.

Der «Krieg» des Johannes Kepler wurde mit den Waffen der Mathematik geführt, und der «Gefangene», den er nun zur Schau stellte, ist der Planet Mars. In seinen jahrelangen Rechnungen hatte er sich vor allem den Aufzeichnungen von Brahe gewidmet, die sich mit den Positionen des Mars beschäftigten. Kepler fand heraus, dass er die Bewegung dieses Planeten am besten beschreiben konnte, wenn er nicht von einer kreisförmigen Bahn ausging, sondern einer elliptischen.

Eine Ellipse ist ein Oval. Je nachdem, wie stark elliptisch sie ist, kann sie einem Kreis sehr ähnlich sein oder aber viel langgestreckter, flacher. Die Bahnen der Planeten sind fast kreisförmig. Aber eben nur fast. In Wahrheit sind es Ellipsen, und es brauchte die jahrelangen Beobachtungen von Tycho Brahe und die jahrelange mathematische Beharrlichkeit von Johannes Kepler, um das herauszufinden. Beim Mars ist die Abweichung von der Kreisbahn ein klein bisschen größer als bei den meisten anderen Planeten. Daher konnte es Kepler an seinem Beispiel gelingen, die wahre Form der Planetenbahnen zu entschlüsseln.

Die Erkenntnis, dass die Bahnen der Planeten keine Kreise sind, sondern Ellipsen, ist das erste der drei berühmten Kepler'schen Gesetze. Sein zweites Gesetz, das ebenfalls in der «Astronomia Nova» veröffentlicht wurde, erklärt, wie sich die Planeten entlang ihrer elliptischen Bahnen bewegen. Da es nun keine Kreise mehr gibt, kann die Sonne auch nicht mehr exakt im Mittelpunkt stehen. Auf einer Kreisbahn wäre der Abstand zwischen Sonne und Planet immer gleich groß. Bei einer elliptischen Bahn geht das nicht mehr; hier kommt der Planet der Sonne mal näher, mal entfernt er sich von ihr. Kepler erkannte, dass die Geschwindigkeit der Planetenbewegung mit dem Abstand zur Sonne zusammenhängt: Je näher der Planet der Sonne auf seiner Bahn kommt, desto schneller bewegt er sich. Hat er den sonnennächsten Punkt passiert und entfernt sich wieder, wird er wieder langsamer.

Zehn Jahre später entdeckte Kepler das dritte nach ihm benannte Gesetz. Es erklärt, wie die mittlere Umlaufzeit eines Planeten mit seinem mittleren Abstand von der Sonne zusammenhängt. Für einen Umlauf um die Sonne braucht die Erde bekanntlich ein Jahr, also 365 Tage.[9] Der Planet Merkur ist der Sonne viel näher als die Erde. Er rast regelrecht um die Sonne herum und schafft eine Umkreisung in nur 88 Erdentagen. Der weiter entfernte Jupiter dagegen ist viel langsamer, für einen Umlauf braucht er knapp 12 Erdenjahre. Und Neptun, der am weitesten entfernte Planet, benötigt fast 165 Erdenjahre, um eine Umkreisung der Sonne abzuschließen.

Kepler erkannte, dass diese Zahlen nicht willkürlich sind, sondern miteinander zusammenhängen. Je größer die Bahn eines Planeten ist, je größer also sein mittlerer Abstand von der Sonne, desto langsamer ist er. Kepler war auch in der Lage, ein genaues mathematisches Gesetz anzugeben, das zeigt, wie der Abstand und die Umlaufzeit miteinander verbunden sind. Kennt man eine der beiden Größen, lässt sich mit dem dritten Kepler'schen Gesetz die andere Größe berechnen.

Keplers Erkenntnis war revolutionär. Er war mutig genug, nicht nur das Dogma aufzugeben, nach dem die Erde im Mittelpunkt des Universums stehen muss, sondern traute sich auch, auf den Kreis als Grundlage des Weltmodells zu verzichten. Dafür wurde er mit einer Theorie belohnt, die viel genauer und einfacher war als ihre Vorgängerinnen. Jetzt war es möglich,

---

9 In Wahrheit ist es ein wenig komplizierter. Siehe dazu Seite 45 f. «Die Uhr am Himmel» und die Erklärung über Schaltjahre.

die Bewegung der Himmelskörper nicht nur viel exakter vorherzusagen als bisher. Man konnte sich auch daran machen zu verstehen, warum sie sich so bewegen, wie sie es tun. Kepler stand kurz davor, es selbst herauszufinden. Am Ende war es aber dann doch der große Isaac Newton, der ein paar Jahrzehnte später das Gravitationsgesetz fand: ein Naturgesetz, mit dem sich die Kraft berechnen lässt, die ein Himmelskörper auf einen anderen ausübt. Aus Newtons berühmter Formel lassen sich die Kepler'schen Gesetze direkt ableiten, und Newton konnte damit erklären, warum sie so sein müssen, wie sie sind.

Das Bild der Welt hatte sich fundamental geändert. Die Menschen waren aus dem Zentrum des Universums verdrängt worden. Und man stellte fest, dass das Weltall kein ewiges Mysterium ist, sondern vom Menschen verstanden und erklärt werden kann!

Das bringt uns jetzt endlich zurück zu den Satellitenschüsseln. Die große Erkenntnis von Isaac Newton war nicht nur das Gravitationsgesetz an sich. Er erkannte vor allem, dass es universell war, was damit auch für Keplers Gesetze galt. Mit einer einzigen mathematischen Formel konnte man nun beschreiben, wie sich die Planeten um die Sonne bewegen. Aber auch wie sich der Mond um die Erde bewegt. Oder wie eine Kanonenkugel fliegt, die man auf der Erde abfeuert. Immer wenn man wissen will, wie groß die Gravitationskraft zwischen zwei Körpern ist, kann man Newtons Formel benutzen. Und immer wenn man wissen möchte, wie sich zwei Himmelskörper umeinanderbewegen, kann man die Kepler'schen Gesetze verwenden. Die Satellitenschüssel zeigt auf den Ort am Himmel, an dem sich der Satellit befindet, der die Fernsehsignale aussendet. Dieser bewegt sich um die Erde herum. Wollen wir verstehen, wie er sich bewegt und wo er sich befindet, kann uns Kepler helfen.

Ein Objekt zu einem Satelliten der Erde zu machen, ist eigentlich sehr einfach. Wir müssen etwas nur schnell genug wegwerfen. Je schneller wir etwas werfen, desto länger dauert es, bis es die Anziehungskraft der Erde wieder zu Boden zieht. Und wenn wir ein Objekt mit einer Geschwindigkeit von 28 476 km/h nach oben werfen, dann fällt es gar nicht mehr zu Boden! Es ist so schnell, dass es immer weiter um die Erde herumfliegt. Es ist zu einem Satelliten geworden. Natürlich ist die Sache in der Realität ein wenig komplizierter. Das Objekt mit der Geschwindigkeit von 28 476 km/h würde direkt über die Oberfläche der Erde sausen, in der Höhe, in der wir es losgelassen haben. Dabei würde es unweigerlich mit Bergen oder anderen Hindernissen zusammenstoßen. Und selbst wenn wir es auf dem Gipfel des Mount Everest wegwerfen würden, wäre da immer noch die Luft, die seinen Flug bremst und es wieder zurück zur Erde fallen lässt.

Das passiert übrigens auch mit echten Satelliten. In mehreren hundert Kilometern ist die Atmosphäre zwar aus menschlicher Sicht enorm dünn bis kaum mehr vorhanden. Aber ein paar Luftmoleküle treiben sich dort oben noch herum, und sie reichen aus, um dort fliegende Satelliten langsam, aber sicher abzubremsen. Das ist vor allem ein Problem für Spionagesatelliten. Die sollen sich ja nicht zu weit von der Erde entfernen, da man möglichst hochauflösende Bilder machen möchte. Aber selbst in einer Höhe von etwa 200 Kilometern über dem Erdboden ist die Abbremsung durch die Erdatmosphäre noch stark genug, um einen Satelliten nach nur wenigen Tagen abstürzen zu lassen. Deswegen bewegen sich diese Satelliten meistens nicht auf kreisförmigen Bahnen, sondern auf solchen, die stark elliptisch sind.

Die amerikanischen Keyhole-Spionagesatelliten nähern sich an ihrem erdnächsten Punkt der Oberfläche beispielsweise bis zu etwa 160 Kilometer; nah genug, um gute Bilder zu machen. Im weiteren Verlauf ihrer Bahn entfernen sie sich aber wieder bis auf etwa 500 Kilometer, weil sie in diesem Abstand von der Erde weniger Abbremsung zu befürchten haben. Trotzdem werden sie bei jeder Annäherung an die Erde abgebremst, und sie halten meist nur wenige Jahre durch, bevor sie abstürzen.

Auch weiter oben ist ein Satellit nicht sicher. Die internationale Raumstation ISS umkreist die Erde in einer Höhe von 300 bis 400 Kilometern. Jeden Tag sinkt sie durch die Reibung mit den Luftmolekülen in der Atmosphäre zwischen 50 und 150 Meter ab. Ohne weitere Maßnahmen würde es nicht länger als ein Jahr dauern, bis sie abstürzt. Wenn ein Raumschiff an ihr andockt, werden dessen Triebwerke daher auch immer dazu genutzt, die Station wieder ein wenig anzuheben, damit sie ihre Flughöhe halten kann. Erst in Höhen von mehr als 1000 Kilometern ist der Luftwiderstand gering genug, damit sich ein Satellit dort zeitlich unbegrenzt aufhalten kann.

Aber wenn wir den Luftwiderstand ignorieren, so gilt für die Satelliten, die die Erde umkreisen, genau das, was auch für die Planeten gilt, die sich um die Sonne bewegen. Die Bahn der künstlichen Himmelskörper um die Erde lässt sich durch die Kepler'schen Gesetze beschreiben. Insbesondere durch das dritte Kepler'sche Gesetz: Je größer der mittlere Abstand zwischen Erde und Satellit, desto länger braucht er für einen Umlauf. Die Raumstation in ihrer geringen Höhe braucht dafür nur knapp 90 Minuten. Für Satelliten, die die Erde beobachten sollen, ist die geringe Umlaufzeit praktisch. Man kann jede Region auf der Erde mehrmals täglich fotografieren und muss nie lange warten, um ein neues Ziel anvisieren zu können. Wollte man einen Satelliten aber für die Übertragung von Fernsehsignalen nutzen, wäre so eine kurze Umlaufzeit äußerst unangenehm. Er wäre ständig an einem anderem Punkt des Himmels und die Hälfte seiner Umlaufzeit nur von der anderen Seite der Erde aus zu sehen. Um ein kontinuierliches Signal zu erhalten, müsste man überall auf der Erde Antennen aufstellen, damit zumindest eine davon den Satelliten immer im Blickfeld hat.

Solche Anlagen können sich wissenschaftliche Einrichtungen leisten – der Durchschnittsbürger, der einfach nur sein Fernsehprogramm empfangen möchte, kann sich aber kaum ein Dutzend Satellitenschüsseln kaufen und sie überall auf dem Globus verteilen. Glücklicherweise muss man das auch nicht. Kepler sagt uns, wie wir das Problem lösen können. Je weiter sich die Bahn eines Satelliten von der Erde entfernt, desto langsamer ist seine Umlaufzeit. Wenn wir uns also von der Erdoberfläche immer weiter nach oben bewegen, müssen wir zwangsläufig irgendwann einen Punkt erreichen, bei dem die Umlaufzeit genau 24 Stunden beträgt. Der Satellit bewegt sich dort genau so schnell um die Erde, wie die Erde sich um ihre eigene Achse dreht. Er dreht sich mit ihr mit und befindet sich immer über dem gleichen Punkt der Erdoberfläche! Damit das funktioniert, muss sich ein Satellit in 35 786 Kilometer Höhe befinden. Dann bewegt er sich entlang eines sogenannten geostationären Orbit.[10]

---

10 Genau genommen handelt es sich nur dann um einen geostationären Orbit, wenn die Bahn des Satelliten nicht geneigt ist, also parallel zum Äquator der Erde verläuft. Satelliten, deren Umlaufzeit genau einer Drehung der Erde entspricht und die sich auf einer geneigten Bahn bewegen, nennt man «geosynchrone» Satelliten.

Satellitenfernsehen: Die ganze Wahrheit

Das ist nun ideal für einen Fernsehsatelliten. Von der Erde aus gesehen befindet er sich immer am selben Punkt des Himmels. Ich brauche nur eine einzige Antenne und muss sie nur einmal auf eine einzige Position am Himmel richten, um das Signal kontinuierlich empfangen zu können. Daher drängen sich auf den geostationären Umlaufbahnen auch die Fernsehsatelliten. Große Betreibergesellschaften wie Astra oder Eutelsat haben dort ein paar Dutzend Satelliten im Einsatz, um alle Länder abdecken zu können. Damit es keine Streitigkeiten gibt, hat jede Gesellschaft ihren eigenen Bereich zugewiesen bekommen. Die meisten der Astra-Satelliten, auf die viele der deutschen Satellitenschüsseln ausgerichtet sind, befinden sich beispielsweise über einer geographischen Länge von 19,2 Grad Ost. Dieser Längengrad liegt circa zwischen Danzig und Warschau. Aus den meisten Ländern Mitteleuropas sind die dort befindlichen Satelliten gut zu empfangen. Andere Betreibergesellschaften, die Länder weiter westlich oder östlich mit Fernsehsignalen versorgen, haben ihre Satelliten dementsprechend weiter östlich oder westlich positioniert.

Und genau das ist der Grund, warum die Satellitenschüsseln auf den Häusern in unserer Straße alle in dieselbe Richtung zeigen: Weil Johannes Kepler und Isaac Newton vor mehr als 300 Jahren herausgefunden haben, wie sich die Himmelskörper bewegen und welche Kräfte ihre Bewegung beeinflussen. Weil das Universum sich nach ganz bestimmten Naturgesetzen richtet und aus einem dieser Gesetze folgt, dass ein Satellit in einer Höhe von 35 786 Kilometern immer über demselben Punkt der Erde zu sehen ist. Die Ausrichtung der Satellitenschüssel ist sogar eine direkte Konsequenz der fundamentalen Struktur von Raum und Zeit in unserem Universum. Aber das erkannte erst Albert Einstein, und ihm und seinen Entdeckungen werden wir auf unserem Spaziergang später noch begegnen. Jetzt reißen wir uns erst mal von unseren Überlegungen über Weltbilder, revolutionäre Erkenntnisse und Satellitenschüsseln los. Wir sollten uns jetzt wirklich mal auf den Weg machen! Wir wollen schließlich nicht den ganzen Tag auf dem Bürgersteig verbringen.

Die Uhr am Himmel

Ein Blick auf die Uhr oder das Mobiltelefon verrät uns, dass der Vormittag schon weit fortgeschritten ist. Uhren sind allgegenwärtig, auch im Straßenbild. In unserer Straße ist zum Beispiel ein Juwelierladen mit vielen Uhren im Schaufenster und einem großen, klobigen Exponat über der Eingangstür. Es ist heutzutage schwer, die Uhrzeit nicht zu kennen. Kinder lernen meistens schon im Kindergarten und spätestens in der Grundschule, wie man die Zeit abliest. Die Uhrzeit und ihre Kenntnis sind in unserer Gesellschaft fundamental.

Jeder Tag hat 24 Stunden. Jede Stunde hat 60 Minuten. Aber warum eigentlich? Wenn wir den Rest unserer Maßeinheiten betrachten, fallen Stunden und Minuten aus dem Schema heraus. Ein Kilometer hat 1000 Meter. Ein Kilogramm hat 1000 Gramm. So gut wie überall auf der Welt wird nicht nur im Dezimalsystem gerechnet, sondern auch gemessen. Die Vielfachen von zehn bestimmen die Maßeinheiten. Nur bei der Uhrzeit machen wir eine Ausnahme.[11] Dabei gibt es keinen speziellen Grund für die Verwendung der 24 oder 60. Wir könnten die Dauer eines

---

[11] Zusätzlich wird auch bei Winkelmessungen ein System verwendet, das auf 360 Grad basiert.

Tages beliebig einteilen. Wir könnten festlegen, dass ein Tag 100 Stunden hat und eine Stunde aus 100 Minuten besteht. Die Uhrzeit würde sich damit genauso messen lassen. Die Einteilung eines Tages in Stunden und Minuten ist eine willkürliche, menschliche Konvention. Nur die Dauer des Tages selbst wird durch die Rotation der Erde um ihre eigene Achse vorgegeben. Es kommt dabei aber darauf an, auf was wir uns beziehen.

Die Sterne am Himmel sind so weit weg, dass sie sich nicht zu bewegen scheinen. Natürlich tun sie das trotzdem, aber wegen ihrer gewaltigen Entfernungen müssen wir sehr, sehr lange warten, um tatsächlich eine Bewegung wahrzunehmen. Wir können den Nachthimmel also gut als Ausgangspunkt für die Messung einer Tageslänge benutzen. Suchen wir uns dazu einfach irgendeinen Stern aus und merken uns seine Position. Jetzt warten wir, bis sich die Erde genau einmal um ihre Achse gedreht hat. Das merken wir daran, dass der Stern wieder an genau der gleichen Position sichtbar ist. Man könnte meinen, dass nun, nach einer Umdrehung, genau ein Tag vergangen ist. Und das stimmt auch fast. Diese Rotation hat 23 Stunden, 56 Minuten und 4 Sekunden gedauert. Ein Tag sollte aber doch eigentlich 24 Stunden dauern?

Und das tut er auch. Wir haben uns hier auf die Position der Sterne bezogen. Im Alltag spielt für uns aber hauptsächlich ein einziger Stern eine Rolle: die Sonne. Um die Dauer eines Tages zu definieren, warten wir also nicht, bis wir einen beliebigen Stern genau an der gleichen Position sehen können. Wir warten, bis die Sonne wieder genau am gleichen Platz des Himmels steht. Und hier wird es ein wenig knifflig. Denn während sich die Erde einmal um ihre eigene Achse gedreht hat, hat sie sich auch ein kleines Stück entlang ihrer Bahn um die Sonne bewegt. Wir blicken nun also unter einem anderen Winkel auf die Sonne, und die Erde muss sich noch ein kleines bisschen weiter drehen, damit sie wieder exakt am selben Platz zu sehen ist. Das dauert knapp 4 Minuten, und so kommen wir insgesamt auf eine Tageslänge von 24 Stunden. Die Astronomen nennen das einen Sonnentag im Vergleich zum Sternentag aus dem ersten Beispiel, der nur 23 Stunden und 56 Minuten dauert. Die Dauer eines Sternentages spielt eine Rolle, wenn man astronomische Beobachtungen anstellen will. In vielen Sternwarten auf der Welt findet man daher sogenannte Sternzeituhren, die ein klein wenig schneller laufen als normale Uhren und genau auf die Dauer eines Sternentages abgestimmt sind.[12]

Die Rotation der Erde ist also von Bedeutung, wenn wir festlegen wollen, wie lange ein Tag dauert. Aber wo kommt die Einteilung in 24 Stunden her? Sie existiert noch nicht so lange, wie wir vielleicht denken. Früher teilte man Tag und Nacht in jeweils 12 Stunden. Die erste Stunde des Tages begann mit dem Sonnenaufgang, die zwölfte Stunde des Tages endete mit dem Sonnenuntergang. Danach begann die erste Stunde der Nacht, und mit dem Sonnenaufgang endete die zwölfte Nachtstunde. Das klingt auf den ersten Blick recht einfach. Aber Tag und Nacht sind nicht immer gleich lang (siehe «Dämmerung ist Ansichtssache», Seite 140 f.). Im Sommer ist es länger hell als im Winter, und der helle Tag dauert länger als die Nacht. Da er aber trotzdem immer genau 12 Stunden haben sollte, waren die Sommerstunden länger als die Winterstunden. Dieses System funktionierte in der Antike recht gut. Als aber im Mittelalter die ersten mechanischen Uhren gebaut wurden, war es nicht mehr

---

[12] Mit der Sternzeit aus der Fernsehserie «Raumschiff Enterprise» hat das allerdings nichts zu tun.

praktikabel. Auf diesen Uhren dauerten die Stunden immer genau gleich lang.[13]

Man ging deswegen dazu über, Tag und Nacht zusammenzufassen und in 24 gleich lange Stunden aufzuteilen. Aus praktischen Gründen behielt man trotzdem die Zählung von eins bis zwölf bei und fing danach einfach noch mal von vorne an. Es wäre vermutlich auch äußerst nervig, wenn die Kirchturmuhren am Abend überall 22, 23 oder 24 Mal schlagen würden (und verzählen würde man sich vermutlich auch dauernd). In manchen Ländern hat man die zweifache Zählung bis 12 bis heute strikt durchgehalten; zum Beispiel in den USA, wo man zusätzlich zur Uhrzeit «a. m.» (vormittags) oder «p. m.» (nachmittags) angibt, um Verwirrung zu vermeiden.[14] In Europa verwenden wir beide Zählweisen.

Jetzt wissen wir aber immer noch nicht, wo die 12 oder eben 24 Stunden herkommen. Dafür sind die Ägypter und vor allem die Sumerer und Babylonier verantwortlich. Schon vor ungefähr 5000 Jahren verwendeten sie zum Rechnen kein Dezimalsystem wie wir heute, sondern ein Sexagesimalsystem, das auf der Zahl 60 basiert. Warum sie das taten, ist nicht genau bekannt. Vermutlich spielte ihr Kalendersystem eine Rolle. Die Babylonier stellten fest, dass ein Umlauf der Erde um die Sonne fast so lange dauerte wie zwölf Umläufe des Mondes um die Erde. Sie teilten ihr Jahr also in 12 Monate ein, von denen jeder 30 Tage hatte. So könnte das Doppelte der 30 zur Grundlage des Rechensystems geworden sein. 60 ist außerdem eine sehr prak-

---

13 Es gab Ausnahmen. Bestimmte astronomische Uhren konnten auch die ungleich langen «temporalen Stunden» anzeigen.
14 Das steht übrigens für «ante meridiem» beziehungsweise «post meridiem», die lateinische Übersetzung von «vormittags» und «nachmittags».

tische Zahl für Berechnungen. Sie lässt sich durch viele anderen Zahlen ohne Rest teilen: durch 2, 3, 4, 5, 6, 10, 12, 15, 20 und 30. Die 10 dagegen schafft dies nur mit der 2 und der 5.

Heute haben wir uns an dieses Überbleibsel der babylonischen Mathematik gewöhnt. Eine Stunde hat 60 Minuten, eine Minute hat 60 Sekunden. Das klingt für uns ganz natürlich. Es gab zwar immer wieder Versuche, auch die Uhrzeit zu dezimalisieren, doch sie haben sich nicht durchgesetzt. Als während der Französischen Revolution der Tag in 10 Stunden zu je 100 Minuten und 100 Sekunden eingeteilt wurde, weigerte sich ein Großteil der Bevölkerung, diese Dezimalzeit zu benutzen. Bald darauf wurde auch offiziell wieder die alte Zeitrechnung mit 60 Minuten zu je 60 Sekunden verwendet.

Die Redewendung «So genau wie ein Uhrwerk» kommt nicht von ungefähr. Mit unseren Uhren haben wir die Zeit im Griff. Sie sind sogar viel genauer als das natürliche «Uhrwerk», auf dem sie basieren. Die Drehung der Erde ist nämlich nicht immer ganz exakt. Wir haben schon vorhin gesehen, dass sie im Laufe der Zeit durch die Gezeitenreibung immer langsamer wird. Aber es gibt auch noch andere Schwankungen.

Als wir über den Ursprung des Windes nachgedacht haben und dabei schließlich bei der Entstehung der Planeten gelandet sind, haben wir festgestellt, dass sich die Rotationsgeschwindigkeit eines Himmelskörpers ändert, wenn er kompakter wird. Die Erde hat zwar keine Arme und Beine, die sie wie ein Eiskunstläufer einziehen und ausstrecken kann, aber in ihrem Inneren fließen riesige Ströme aus geschmolzenem Gestein und Metall. Und diese Gewichtsverlagerungen können zu kleinen Unregelmäßigkeiten in der Rotationsgeschwindigkeit führen. Noch kleiner, aber immer noch messbar, sind die Veränderungen der Rotationsdauer, die durch Vorgänge an der Erdoberfläche hervorgerufen werden. Wenn zum Beispiel im Sommer Schnee schmilzt und von den Gipfeln hoher Berge als Wasser ins Tal fließt, dann verursacht diese Gewichtsverlagerung eine winzige, aber messbare Veränderung der Erdrotation. Auch große und starke Erdbeben können die Geschwindigkeit beeinflussen. Mal wird die Drehung der Erde ein paar Millisekunden schneller, mal ein wenig langsamer.

Würden wir den Dingen nun einfach ihren Lauf lassen, würden die Unterschiede zwischen der angezeigten Uhrzeit und der tatsächlichen Rotationsdauer der Erde immer größer werden. Für den normalen Alltag sind die paar Sekunden Abweichung nicht so wichtig. Ob die Sonne nun wirklich genau um 12 Uhr mittags über unseren Köpfen steht oder ein paar Minuten früher oder später, spielt für uns keine Rolle. Für viele wissenschaftliche Anwendungen ist es aber elementar, dass die Zeit stimmt. Deswegen werden immer wieder mal «Schaltsekunden» eingeführt, um Erdrotation und Uhrzeit wieder in Einklang zu bringen. Die derzeit letzte wurde am 30. Juni 2012 «geschaltet».[15] Als die Uhr in dieser Nacht 23 Uhr 59 und 59 Sekunden zeigte, folgte danach nicht 0 Uhr 0 und 0 Sekunden am 1. Juli 2012. Zuerst war es ausnahmsweise eine Sekunde lang 23 Uhr 59 Minuten und 60 Sekunden.

Wenn wir nicht zufällig eine Atomuhr zu Hause haben, merken wir von den Schaltsekunden nicht viel. Die Schalttage dagegen, die alle paar Jahre in unserem Kalender auftauchen, können wir kaum verpassen. Denn so wie die Uhrzeit basiert auch unser Kalender auf astronomischen Vorgängen. Die heu-

---

15 Stand: August 2012.

tige Einteilung des Tages in 24 Stunden zu 60 Minuten ist ein historischer Zufall. Es hätten auch 100 Stunden oder 50 oder irgendeine andere Zahl sein können. Bei der Erstellung eines Kalenders haben wir allerdings keine so großen Freiheiten.

Im Prinzip könnten wir auch hier einfach irgendeine Einteilung vornehmen. Ein Kalender dient ja erst mal nur dazu, die einzelnen Tage zu markieren – damit man den Überblick nicht verliert. Am einfachsten wäre es, sie einfach durchzunummerieren. Man fängt irgendwann mit «Tag 1» an und zählt dann einfach weiter. So einen Kalender gibt es tatsächlich. Was er anzeigt, nennt man das «julianische Datum», und es wird in der Astronomie verwendet. Der Nullpunkt dieses Kalenders wurde auf den 1. Januar des Jahres 4713 v. Chr. gesetzt.[16] Seitdem wird immer weitergezählt. Mein Geburtstag, der 28. Juli 1977, trägt zum Beispiel das julianische Datum «2 443 352». Der 1. Januar 2012 ist in diesem Kalender der Tag 2 455 927. Für den Alltag ist diese Art des Kalenders natürlich völlig unbrauchbar. Aber er ist äußerst praktisch, wenn man damit rechnen will. Möchte man zum Beispiel herausfinden, wie viele Tage zwischen dem 28. Juli 1977 und dem 1. Januar 2012 liegen, dann muss man auf der Basis unseres Kalenders erst einige Zeit nachdenken, bevor man die Antwort heraushat. Im julianischen Datum reicht eine simple Subtraktion: 2 455 927 − 2 443 352. Und man weiß sofort, dass genau 12 575 Tage vergangen sind.

Im Alltag aber wollen wir mit dem Kalender normalerweise

---

16 An diesem Tag ist nichts Besonderes passiert. Im Jahr 1863 hat der Erfinder des julianischen Datums, der französische Historiker Joseph Justus Scaliger, den Tag nachträglich als Nullpunkt definiert, weil er sich aus mathematischer Sicht als Ausgangspunkt für die Zählung verschiedener Perioden (die zum Beispiel für die Berechnung des Osterdatums von Bedeutung waren) am besten geeignet hat.

Die Uhr am Himmel

nicht rechnen, sondern einen Überblick über den Verlauf der Zeit behalten. Früher war das noch viel wichtiger als heute, wo das aktuelle Datum genauso leicht herauszufinden und so allgegenwärtig ist wie die Uhrzeit. Vor Tausenden von Jahren gab es keine allgemein zugänglichen Kalender. Trotzdem mussten die Bauern irgendwie den richtigen Zeitpunkt bestimmen, um die Saat auszubringen oder die Felder abzuernten. Die Priester wollten wissen, wann im Lauf des Jahres der richtige Zeitpunkt für die verschiedenen religiösen Feste gekommen war. Man brauchte einen verlässlichen Kalender, und der Himmel stellte gerne einen zur Verfügung.

Neben dem Tag ist das Jahr der zweite große natürliche Zyklus, der in unserem Leben eine Rolle spielt. Ein Jahr ist der Zeitraum, in dem sich die Jahreszeiten wiederholen; wir feiern jedes Jahr Geburtstag, wir müssen jedes Jahr eine Steuererklärung abgeben, Weihnachtsgeschenke kaufen und Ostereier verstecken. Damit wir dabei nicht durcheinanderkommen, brauchen wir einen vernünftigen Kalender. Natürlich könnten wir einfach irgendein Jahr definieren. Wir könnten festlegen, dass ein Jahr 100 Tage haben soll. Oder 1000 Tage. Aber dann bekommen wir Probleme mit der Natur. Denn der Rhythmus der Jahreszeiten wird von der Zeit bestimmt, die die Erde für einen Umlauf um die Sonne braucht (siehe Seite 71 f., «Frühling, Sommer, Herbst & Crash!»). Wenn wir wollen, dass es im Dezember immer Winter ist und dass der März immer den Frühlingsanfang markiert,[17] dann müssen wir das in unserem Kalender berücksichtigen.

Leider macht es uns das Universum nicht einfach. Es wäre angenehm, wenn der Umlauf der Erde um die Sonne zum Bei-

---

[17] Zumindest auf der Nordhalbkugel; auf der südlichen Hälfte der Erde ist es genau umgekehrt. Dort beginnt der Sommer ja im Dezember und der Winter im Juni.

spiel genau 500 Tage dauern würde. Dann könnten wir ein Jahr mit 10 Monaten zu je 50 Tagen definieren, und alles wäre schön ordentlich. Aber wie wir bei unseren Überlegungen zur Ausrichtung der Satellitenschüsseln schon gesehen haben, bewegen sich die Planeten nicht einfach irgendwie. Das dritte Kepler'sche Gesetz sagt uns, dass ein Planet umso länger für einen Umlauf um die Sonne braucht, je weiter er von ihr entfernt ist. Für ein Jahr mit 500 Tagen müsste die Erde also viel weiter von der Sonne entfernt sein. Unser Planet ist so im Sonnensystem positioniert, dass er für eine komplette Umrundung unpraktische 365 Tage, 5 Stunden, 48 Minuten und 45,216 Sekunden benötigt. Das eignet sich natürlich so überhaupt nicht für einen einfachen Kalender. Wir können nicht einfach 365 Tage vergehen lassen und dann am Ende des Jahres noch einen «Minitag» mit 5 Stunden und 48 Minuten Dauer dranhängen. Gut, wer am 31. Dezember in der Silvesternacht ordentlich gefeiert hat, der freut sich vielleicht noch auf einen knapp sechsstündigen «32. Dezember», um den Rausch ausschlafen zu können. Aber wenn dann der 1. Januar nicht um 0 Uhr beginnt, sondern um 5 Uhr 49 morgens, dann wird der Rest des Jahres sehr kompliziert ...

In unserem Kalender ignorieren wir diese überzähligen Stunden daher einfach: Ein Jahr dauert 365 Tage. Aber nur weil wir uns entschieden haben, die 5 Stunden und 48 Minuten unter den Tisch fallen zu lassen, verschwinden sie ja nicht einfach. Egal, was in unserem Kalender steht, die Erde lässt sich davon nicht beeindrucken. Ihre Bewegung wird eben durch die Anziehungskraft der Sonne und nicht durch unseren Kalender bestimmt. Sie braucht 365 Tage, 5 Stunden, 48 Minuten und 45,216 Sekunden, um einmal um die Sonne zu laufen, und nichts, was wir tun, kann daran etwas ändern. Auf ein ganzes Jahr bezogen, mögen 5 Stunden und 48 Minuten vielleicht nicht viel erscheinen. Aber nach 4 Jahren sind daraus schon 23 Stunden und 12 Minuten geworden. Unser Kalender hängt also fast einen ganzen Tag hinterher! Und nach 200 Jahren feiern wir dann Weihnachten tatsächlich im Sommer ...

Deswegen gibt es die Schalttage. Unser Kalender ist mit 365 Tagen ein wenig kürzer als die Umlaufzeit der Erde um die Sonne. Nach vier Jahren hat sich die Verspätung fast zu einem ganzen Tag summiert, und darum haben wir alle vier Jahre noch einen extra Tag im Kalender: den 29. Februar. Aber komplett ausgeglichen haben wir den Fehler mit dieser Regel noch nicht: Bei drei Jahren mit 365 Tagen, gefolgt von einem mit 366 Tagen, ist der Unterschied zur realen Umlaufzeit der Erde um die Sonne zwar geringer als vorher, aber er ist immer noch da. Im Durchschnitt liegen wir jedes Jahr 11 Minuten daneben, diesmal übrigens in die andere Richtung. Das Durchschnittsjahr in unserem Kalender ist 11 Minuten länger als das natürliche Jahr. Um das auszugleichen, müssen wir den Kalender wieder irgendwo kürzen – wir lassen also den gerade eingeführten Schalttag einmal pro 100 Jahre ausfallen. Mit dieser Zusatzregel ist unser durchschnittliches Kalenderjahr nun fast so lang wie das natürliche Jahr. Aber leider nur fast: Jetzt sind wir wieder 3 Minuten pro Jahr zu kurz. Das ist zwar wirklich nicht mehr viel, aber die Kalendermacher sind pedantische Menschen und wollten auch noch diesen Fehler korrigieren. Weil wir nun wieder 3 Minuten hinterherhängen, müssen wir das Jahr wieder länger machen. Alle 400 Jahre machen wir deswegen eine Ausnahme von der Ausnahme, und einer der Schalttage, die wir vorhin weggenommen haben, wird wieder dazugegeben.

Das Jahr 2000 war so ein besonderes Jahr. Eigentlich wäre es ein Schaltjahr gewesen. 1988 war ein Schaltjahr, 1992 war ein Schaltjahr und 1996 ebenfalls. Vier Jahre danach wäre 2000 an der Reihe gewesen. Aber da wir ja alle 100 Jahre einen Schalttag ausfallen lassen und der letzte Schalttag zuletzt im Jahr 1900 gestrichen wurde, musste er auch 2000 ausfallen. Da wir aber auch alle 400 Jahre mit dieser Korrektur aussetzen und den ausgefallenen Schalttag doch stattfinden lassen und das Jahr 2000 so ein «Ausnahme von der Ausnahme»-Jahr war, fand der 29. Februar 2000 dann doch statt.

Manchmal zwingt uns die Natur eben dazu, ziemlich komplizierte Dinge zu machen. Man könnte den Kalender natürlich noch genauer gestalten. In der aktuellen Form dauert ein Durchschnittsjahr nur noch 17 Sekunden länger, als die Erde für einen Umlauf um die Sonne benötigt. Mit noch komplizierteren Schaltregeln könnte man diesen Fehler beseitigen, aber irgendwann hört der Spaß auf. So wie es jetzt ist, wird der kleine Unterschied erst in ein paar tausend Jahren so weit angewachsen sein, dass man sich darüber Gedanken machen muss. Darum sollen sich dann unsere Nachfahren kümmern. Bis dahin kommen wir mit unserem Schalttag am 29. Februar recht gut klar.

Manch einer ist vielleicht mit der Wahl dieses Tages nicht ganz einverstanden. Durchaus zu Recht. Wer kommt auf die dumme Idee, diesen Extra-Tag mitten in den kalten und dunklen Februar zu legen? Es wäre doch viel schöner, im Sommer einen zusätzlichen Tag zu haben! Schuld daran sind die Römer. Auch sie hatten schon Schalttage in ihrem Kalender. Bei ihnen war der «Februarius» der letzte Monat des Jahres, und ihren Schalttag hängten sie einfach hintendran. Die nachfolgenden Kalender nahmen sich alle den alten römischen Kalender zum

Vorbild, der den im Februar eingefügten Schalttag auch dann beibehielt, als man in Rom das Ende des Jahres vom Februar in den Dezember verschob.[18] Ich hätte trotzdem lieber einen 32. Juli anstatt eines 29. Februars …

Lukrative Kollisionen

Dafür, dass wir davon normalerweise kaum etwas merken, hat die Bewegung der Erde einen ziemlich großen Einfluss auf unseren Alltag! Wir sitzen gemütlich in unserem Sessel, wir spazieren durch die Straßen und spüren den festen Boden unter unseren Füßen. Aber der Wind, der uns durch die Haare fährt, die Schatten, die sich bewegen, die Ausrichtung der Satellitenschüsseln an den Balkonen der Häuser, die Zeiger der Uhr und die Tage des Kalenders: Das alles erinnert uns daran, dass sich die Erde mit mehreren hundert Kilometern pro Stunde um ihre eigene Achse dreht und mit 30 Kilometern pro Sekunde um die Sonne saust. Das Weltall ist nicht einfach nur irgendwo da draußen. Wir leben auf einer riesigen Kugel aus Stein und sausen mitten hindurch.

Zum Glück ist der Weltraum ziemlich leer. Wir müssen nicht damit rechnen, mit der Erde gegen größere Hindernisse zu krachen. Zumindest heutzutage nicht mehr. Früher war das ganz anders. Wir brauchen nur in das Schaufenster des Juwelierladens auf der anderen Straßenseite zu blicken. Dort können wir die Folgen der gigantischen Kollisionen betrachten, die vor langer, langer Zeit stattgefunden haben.

---

[18] Das passierte im Jahr 153 v. Chr. Damals traten die römischen Politiker ihr Amt immer am 1. Januar an, und man entschied sich, an diesem Tag auch gleich das Jahr offiziell beginnen zu lassen.

Mittlerweile geht es im Sonnensystem vergleichsweise ruhig zu. Früher war wesentlich mehr los. Wir haben schon darüber sinniert, wo der Wind herkommt und wie die Planeten entstanden sind. Das geschah vor 4,5 Milliarden Jahren in der großen Scheibe aus Gas und Staub, die die junge Sonne umgab. Als damals die Staubkörner zusammenstießen und immer größere Himmelskörper entstanden, blieben am Ende nicht nur die acht Planeten übrig, die wir heute kennen. Merkur, Venus, Erde, Mars, Jupiter, Saturn, Uranus und Neptun gab es da zwar auch schon – aber das Sonnensystem war damals noch etwas voller.

Aus der großen Scheibe entstanden noch viele andere Himmelskörper, die an Größe mit der Erde durchaus mithalten konnten. Wenn sich so viele Planeten um einen Stern drängen, ist es nicht schwer zu erraten, was passieren wird: Sie stoßen zusammen. In der Frühzeit des Sonnensystems gab es immer wieder gewaltige Kollisionen zwischen den jungen Planeten. Wir werden im weiteren Verlauf unseres Spaziergangs noch entdecken, auf welche vielfältige Art und Weise diese Crashs unsere Erde beeinflusst haben. Eine Folge dieser Kollisionen sehen wir gerade im Schaufenster des Juwelierladens liegen: Gold.

Gold ist wertvoll, und zwar deswegen, weil es so selten ist. In der Erdkruste findet sich nur wenig davon. Aber es sollte eigentlich noch viel weniger sein. Gehen wir gedanklich noch einmal zurück in die Zeit, als es noch keine Planeten gab, sondern nur eine junge Sonne und jede Menge Staub um sie herum. Das war kein normaler Staub, wie er bei uns in der Zimmerecke herumliegt. Inmitten der unzähligen winzigen Gesteinsbrocken befanden sich auch das Gold, das Eisen, der Kohlenstoff, das Wasser und alles andere, was wir heute auf der Erde und den übrigen Planeten finden können. Vielleicht wundert sich mancher, wieso das Gold einfach so im All herumschwebt, und fragt sich, wo es hergekommen ist? Das ist eine spannende Frage, die wir später auch noch beantworten werden. Momentan wollen wir aber nur wissen, wie es auf die Erde und in das Schaufenster des Juwelierladens gekommen ist.

Wenn zwei kleine Felsbrocken miteinander kollidieren, dann zerstören sie sich entweder gegenseitig oder sie bilden zusammen einen größeren Brocken. Was genau passiert, hängt von der Art und Weise und der Geschwindigkeit ab, mit der sie zusammenstoßen. Verschmelzen sie miteinander, wird das Material, aus dem sie bestehen, ein bisschen durchmischt, und die Zusammensetzung des neuen Brockens unterscheidet sich kaum von der Zusammensetzung der alten Brocken. Wenn die Himmelskörper aber langsam anwachsen, werden auch die Kollisionen viel wuchtiger. Wenn keine kleinen Felsbrocken mehr zusammenstoßen, sondern zwei Planeten mit mehreren hundert bis tausend Kilometern Durchmesser, so macht das einen ordentlich Rumms! Die freiwerdende Energie reicht aus, um die beiden Himmelskörper noch mal komplett aufzuschmelzen.

Im glutflüssigen Gestein können sich die verschiedenen Elemente nun voneinander trennen. Die schwereren Stoffe wie zum Beispiel das Eisen sinken hinab in den Kern und sammeln sich dort an. Das leichtere Gestein bleibt außen und wird später wieder fest. Große Planeten wie die Erde haben deshalb immer einen metallischen Kern. Im Inneren der Erde steckt eine Kugel aus Eisen, die so groß wie unser Mond ist. Auch das Gold ist ein recht schweres Element. Noch dazu ist es «siderophil», wie es die Chemiker nennen. Übersetzt heißt das «eisenliebend», und es bedeutet, dass Gold sich gerne mit Eisen verbindet. Auch Platin gehört zu dieser Gruppe von Elementen. Weil also das Gold gerne dorthin geht, wo das Eisen ist, sollte eigentlich das meiste davon während der Planetenentstehung mit in den riesigen Eisenkern der Erde gewandert sein. In der Erdkruste, dort, wo wir Menschen Bergbau betreiben und nach Edelmetallen suchen, dürfte kaum noch etwas vorhanden sein.

Das Gold ist zwar tatsächlich selten, sollte aber eigentlich noch viel, viel seltener sein. Warum liegt es dann aber jetzt vor unseren Augen im Schaufenster und nicht Tausende Kilometer tief in der Erde? Der Grund dafür ist eine weitere Kollision. Die gigantischen Kollisionen zwischen den Himmelskörpern haben zwar erst dazu geführt, dass die Planeten aufschmolzen und alles Gold in den Kern sank. Aber spätere, nicht ganz so gewaltige Zusammenstöße könnten noch einmal ein wenig des Edelmetalls nachgeliefert haben.

Als die Planeten gebildet wurden, entstanden natürlich viel mehr kleinere Objekte als große (kleine Dinge sind immer in größerer Zahl vorhanden). Es gab also sehr viele kleine Felsbrocken mit wenigen Kilometern Durchmesser, sogenannte Asteroiden, viele größere Objekte mit ein paar hundert bis tausend Kilometer Durchmesser und vielleicht ein paar Dutzend wirklich große Planeten. Astronomen vermuten nun, dass die Erde in der Spätphase der Planetenentstehung noch einmal von einem mittelgroßen Objekt getroffen wurde: ungefähr 2500 bis 3000 Kilometer groß, ein bisschen kleiner als unser Mond. So ein Himmelskörper wäre groß genug, um bei den vielen Kollisionen, die zu seiner Entstehung geführt haben, selbst einen Kern aus Eisen, Gold und anderen Metallen ausgebildet zu haben. Er wäre aber klein genug, um bei einem Zusammenstoß mit der Erde nicht den ganzen Planeten aufzuschmelzen.

Die Metalle seines Kerns würden also nicht in das Zentrum der Erde sinken, sondern sich in der Kruste verteilen: dort, wo wir sie heute finden können.

Es ist natürlich immer schwer, genau sagen zu wollen, was vor so langer Zeit passiert ist. Es war niemand da, der zusehen konnte (zum Glück, denn diese Kollisionen hätte kein Lebewesen überlebt!). Trotzdem handelt es sich bei diesen Theorien nicht nur um reine Spekulation. Mit Computersimulationen können Wissenschaftler eine grundlegende Idee von dem bekommen, was damals passiert ist. Dazu baut (also programmiert) man sich im Computer ein kleines Modell des früheren Sonnensystems. Man steckt einen Stern hinein, dazu jede Menge kleine Felsbrocken. Und man muss wissen, wie sie sich gegenseitig beeinflussen. Aber wie stark die Kraft ist, die ein Himmelskörper auf den anderen ausübt, wissen wir ja, seit Isaac Newton im 17. Jahrhundert seine berühmten Gleichungen aufgestellt hat. Dann braucht man nur noch das Programm laufen zu lassen und kann dabei zusehen, wie aus den kleinen Brocken Planeten entstehen.

Der große Vorteil solcher Simulationen ist ihre Geschwindigkeit. Wir brauchen keine 4,5 Milliarden Jahre zu warten, um zu sehen, was am Ende rauskommt, sondern nur ein paar Stunden. Der Nachteil der Computersimulation ist, dass sie uns eben nur zeigt, was möglicherweise, aber nicht, was tatsächlich passiert ist. Wenn man jedoch viele verschiedene Simulationen laufen lässt und probiert, alle möglichen Ausgangssituationen abzudecken, bekommt man am Ende einen ziemlich guten Eindruck von dem, was in der Frühzeit des Sonnensystems vorgefallen sein könnte. Und so wie es aussieht, gab es damals tatsächlich genug potenzielle Himmelskörper, die mit der Erde hätten kollidieren können und geeignet waren, das Gold auf unseren Planeten zu bringen.

Die Simulationen zeigen auch, wie man diese Hypothesen vielleicht doch überprüfen kann. Denn neben dem Gold finden wir noch viel deutlichere Spuren früherer Kollisionen: die Einschlagskrater. Je größer der Krater, desto größer das Objekt, das runtergekracht ist. Wenn sich im frühen Sonnensystem tatsächlich eine ausreichend große Anzahl an größeren Himmelskörpern gebildet hat, damit die Computersimulation mit der Goldlieferung funktioniert, dann darf danach nur noch eine gewisse Menge an Asteroiden übrig geblieben sein (die restlichen wurden ja gebraucht, um die großen Planeten zu machen). Die Simulation sagt den Wissenschaftlern also nicht nur, dass die Erde mit einem anderen Himmelskörper zusammengestoßen ist, sie sagt ihnen gleichzeitig, wie viele Asteroiden einer bestimmten Größe sich danach noch im Sonnensystem befunden haben. Diese Ergebnisse kann man nun mit dem vergleichen, was man tatsächlich beobachtet. Dazu braucht man nur die Krater auf Mond und Mars zu zählen und ihre Größe zu notieren. Daraus kann man ableiten, wie viele Asteroiden früher durch das Sonnensystem geschwirrt sind und wie groß sie waren. Und diese Beobachtungsdaten stimmen überraschend gut mit dem überein, was die Simulation vorhersagt.

Es ist also durchaus nicht unwahrscheinlich, dass das Gold, das hier vor uns im Schaufenster liegt, sich früher einmal im Kern eines anderen Planeten befunden hat! Ein Planet, der vor vielen Milliarden Jahren mit der Erde zusammengestoßen und dabei zerstört worden ist. Mit dieser Hintergrundgeschichte wird das begehrte Edelmetall gleich noch mal ein Stück faszinierender.

Wir setzen aber nun unseren Spaziergang fort, lassen das Juweliergeschäft hinter uns und biegen ein in die nächste Querstraße. An ihrem Ende liegt ein hübscher kleiner Park – der gerade jetzt im Frühling besonders zum Spazieren einlädt.

Teil 2:
Im Park

Willkommen in unserem Park, der zwar nicht besonders prachtvoll, aber doch recht pittoresk ist: mit seinen schmalen Pfaden, die mit Erde und Kieselsteinen gepflastert sind, den grünen Liegewiesen und kunterbunten Blumenbeeten. Die Sonne scheint durch die Blätter großer Bäume, in denen Vögel sitzen. Es ist warm, und in der Ferne plätschert ein Springbrunnen. Ein normaler kleiner Stadtpark – voller Astronomie!

Leise rieselt der Staub

Bleiben wir einfach einmal stehen und schauen uns genau um. Blicken wir am besten zuerst zu Boden: endlich kein Asphalt mehr, sondern Steine, Erde und Staub. Und auch wenn das auf den ersten Blick nicht besonders aufregend aussieht, ist der Parkweg doch ein Fenster in die Zeit, in der die Erde entstanden ist, und darüber hinaus. Denn der Staub unter unseren Füßen ist nicht einfach Dreck. Ein Teil davon stammt direkt aus dem Weltall!

Wenn wir an kosmische Kollisionen denken, haben wir meist

Bilder aus Hollywood vor Augen: riesige Asteroiden, die mit der Erde zusammenstoßen. Gewaltige Krater, Tsunamis, Feuersbrünste, Tod und Verderben. Heldenhafte Astronauten, die die Menschheit zu retten versuchen. Die Realität ist nicht ganz so spektakulär. Tag für Tag kollidiert die Erde mit Objekten aus dem All, ohne dass die meisten Leute davon irgendetwas mitbekommen. Denn Asteroiden gibt es in allen Größen, und die großen Brocken sind selten. Viel häufiger sind die kleinen sogenannten Meteoroiden. Dabei handelt es sich um kieselsteinbis staubkorngroße Gesteinsbrocken, die überall im Sonnensystem durchs All fliegen. Natürlich kommt es dabei vor, dass sie mit der Erde zusammenstoßen. Wenn wir in einer klaren Nacht den Himmel betrachten, können wir Glück haben und solche Kollisionen beobachten. Wir sagen dazu allerdings Sternschnuppe, und wenn wir abergläubisch sind, dann wünschen wir uns in diesem Moment lieber etwas, anstatt daran zu denken, dass wir gerade beobachten, wie die Erde mit einem anderen Himmelskörper zusammenstößt. Die helle Leuchtspur der Sternschnuppe entsteht, weil sich der Meteoroid mit hoher Geschwindigkeit durch die Atmosphäre der Erde bewegt. Ein interplanetares Staubkorn kann, je nach Eintrittswinkel, zwischen 40 000 und 260 000 Kilometer pro Stunde schnell sein! Bei diesem hohen Tempo ist die entstehende Reibungshitze mit der Luft so groß, dass einzelne Elektronen[19] aus den Atomen der Luftmoleküle gerissen werden. Wenn die Atome sich dann schnell wieder ein paar freie Elektronen einfangen, um den Verlust zu ersetzen, geben sie Energie ab und leuchten (genauso wie in einer Leuchtstoffröhre, in der ebenfalls ein Gas erhitzt wird

---

19 Ein Elektron ist ein negativ geladenes Elementarteilchen. Elektronen bilden die äußere Hülle der Atome – siehe dazu auch Seite 115 f.

und dann zu leuchten beginnt). Diese Leuchterscheinung, die man Meteor nennt, sehen wir von der Erde aus, und sie ist umso heller, je größer der Meteoroid ist.

Bei einer typischen Sternschnuppe handelt es sich um kleine Steinchen, die mit der Erde zusammenstoßen. Sie sind etwa einen bis zehn Millimeter groß. Größere Brocken ziehen eine hellere Leuchtspur nach sich, die teilweise sogar am Tag sichtbar ist. So etwas wird dann nicht mehr Sternschnuppe, sondern Bolide oder Feuerkugel genannt. Die kleinen Sternschnuppen verglühen komplett in der Atmosphäre.

Von den größeren Boliden kann ab und zu noch ein bisschen Material den heißen Flug durch die Atmosphäre überstehen und auf dem Boden aufschlagen (sobald sie die Erdoberfläche erreichen, nennt man sie Meteoriten). Wenn die Staubkörner aus dem All aber kleiner sind als bei einer typischen Sternschnuppe, dann geschieht etwas Überraschendes. Auch diese winzigen Objekte, die oft nur Bruchteile eines Millimeters groß sind, stoßen mit hohen Geschwindigkeiten mit der Erde zusammen. Auch sie werden durch die Luft gebremst. Da sie aber so klein sind, haben sie im Verhältnis zu ihrem Volumen eine größere Oberfläche als die großen Meteoroiden. Sie können die Hitze also schneller abgeben und heizen sich selbst nicht so stark auf. Tatsächlich bleiben sie so kühl, dass sie unbeschadet den Erdboden erreichen.

Pro Tag rieseln so zwischen 30 und 400 Tonnen kosmischen Staubs auf die Erde! Das klingt nach ziemlich viel – aber verglichen mit dem Gewicht der Erde selbst ist es nur wenig. In den 4,5 Milliarden Jahren ihrer Existenz ist die Masse der Erde dadurch nur um ein Hunderttausendstel Prozent gewachsen. Die überwiegende Mehrheit der auf die Erde fallenden Meteoriten sind solche kleinen Staubkörner. Man kann sie überall finden – wenn man sie denn findet.[20] Auch wenn wir wissen, dass der Staub zu unseren Füßen immer ein paar Körnchen aus dem All enthält, ist es sehr schwierig, sie in all dem ganz normalen Erdstaub zu entdecken. Die Astronomen haben sich daher ein paar besondere Methoden ausgedacht, um Staub aus dem Weltall aufzuspüren.

Der kosmische Staub kommt von oben, und je früher wir ihn erwischen, desto eher vermeiden wir Verunreinigungen. Denn am Boden vermengt er sich mit Erdstaub. 1978 benutzte der amerikanische Astronom Don Brownlee darum die «Lockheed U-2 Dragon Lady», um ihn einzusammeln. Das ist ein Düsenjet, der normalerweise vom amerikanischen Geheimdienst als Spionageflugzeug eingesetzt wird. Die U-2 kann knapp 27 000 Meter hoch fliegen. Dort oben befindet sich so gut wie kein vom Erdboden aufgewirbelter Staub mehr. Alles, was dort noch an Staubkörnern herumfliegt, stammt mit hoher Wahrscheinlichkeit direkt aus dem All. Brownlee stattete die U-2 mit speziellen Auffangbehältern aus und ließ den Piloten in maximaler Höhe einige Runden drehen. Nach 10 bis 15 Flügen, die jeweils ein paar Stunden dauerten, hatte der Jet ein paar Dutzend Staubteilchen eingesammelt. Nicht viel, aber genug, um sie im Labor untersuchen zu können.

---

20 Man kann auch selbst auf die Suche gehen. Dazu braucht man einen starken Neodym-Magnet, etwas Glück und einen hochgelegenen, wenig besuchten Ort. Zum Beispiel ein begrüntes Flachdach auf einem Hochhaus oder eine Bergwiese. Dort kann man mit dem Magnet den Boden absuchen. Da Meteoriten meistens viel Eisen enthalten, werden sie angezogen. Findet man auf diese Art kleine magnetische Körnchen, stehen die Chancen gut, dass es sich um Mikrometeoriten handelt. Man sollte aber darauf achten, den Magnet durch einen Plastikbeutel zu schützen, da sich die kleinen Körnchen sonst nicht mehr von ihm entfernen lassen.

Heute schickt man spezielle Raumsonden ins All, die den kosmischen Staub direkt an der Quelle einsacken.[21] Man kann den Staub auch aus dem Eis an Nord- oder Südpol gewinnen, auch dort gibt es wenige irdische Staub-Quellen, und die Mikrometeoriten aus dem All rieseln ungestört auf das Eis herab. Im Laufe der Zeit werden sie darin eingeschlossen, und wenn nun Wissenschaftler tief in die Eisschichten bohren, können sie die Staubkörner wieder ans Tageslicht befördern. Spionageflugzeug, Raumsonden und Eisbohrungen am Südpol: Das klingt nach viel Aufwand für so ein bisschen Staub. Aber es lohnt sich! Denn er verrät uns, wie unsere Welt entstanden ist.

Die Windböen vor unserer Haustür haben uns bereits darauf gebracht: Vor 4,5 Milliarden Jahren entstanden die Sonne und alle Planeten aus einer riesigen Wolke aus Staub und Gas. Der Teil des Staubs und der Asteroiden, aus denen sich die Planeten bildeten, existiert heute nicht mehr. All dieses Material wurde im Inneren der großen Planeten aufgeschmolzen und ging im Rahmen verschiedener chemischer und physikalischer Prozesse völlig im neuen Himmelskörper auf. Es wurde damals aber nicht das gesamte Baumaterial verwendet. Viele Asteroiden und noch mehr kosmischer Staub haben die letzten 4,5 Milliarden Jahre so gut wie unverändert überstanden und schwirren heute noch genauso durch das All wie damals. Wenn wir heute Staubkörner und Mikrometeoriten in unseren Labors analysieren, untersuchen wir somit die Stoffe, aus denen alles entstanden ist! Und wenn wir ganz viel Glück haben, finden wir vielleicht sogar ein Körnchen, das noch viel älter ist: echten Sternenstaub.

---

21 Zum Beispiel die Raumsonde «Stardust», die zwischen 1999 und 2011 12 Jahre durchs All flog und dabei Staub einsammelte.

Unsere Sonne ist in etwa so alt wie die Erde: 4,5 Milliarden Jahre. Aber auch davor gab es schon Sterne. Es muss sie gegeben haben, denn diese frühen Sterne haben die Elemente geschaffen, aus denen wir und unser Planet bestehen (siehe «Die Sonne in der Suppenschüssel», Seite 115 f.). Als diesen Sternen der Treibstoff ausging und sie nichts mehr verbrennen konnten, schleuderten sie in großen Explosionen riesige Mengen an Material ins All. Aus solchen großen interstellaren Staubwolken entstanden neue Sterne wie die Sonne und mit ihnen neue Planeten. Einige dieser «präsolaren Körner», die damals ins All geschleudert wurden, haben bis heute überlebt. Sie finden sich eingeschlossen im Inneren von Meteoriten. Erst eine genaue chemische Untersuchung zeigt ihren wahren Ursprung. Die kleinen Staubkörner bestehen aus einer Mischung von Elementen, die so im gesamten Sonnensystem nicht vorkommt. Diese speziellen Mikrometeoriten müssen aus dem Inneren anderer Sterne stammen, in denen andere Bedingungen herrschen als in unserer Sonne, und sind noch viele Milliarden Jahre älter als unser Planet.

Wenn wir im Park stehen und auf den staubigen Boden blicken, sehen wir dort nicht einfach nur Dreck. Der Staub unter unseren Füßen kommt zu einem kleinen Teil auch aus dem All. Die Erde existiert nicht isoliert vom Rest des Universums. Winzige Bruchstücke längst verschwundener Sterne und die letzten Überbleibsel aus einer seit Milliarden von Jahren vergangenen Zeit landen heute immer noch Tag für Tag auf der Erde. Der staubige Pfad im Park ist eine direkte Verbindung in die fernste Vergangenheit des Universums noch vor der Entstehung des Sonnensystems.

Frühling, Sommer, Herbst & Crash!

So faszinierend der Anblick des Staubs dank dieses Wissens jetzt auch sein mag – Staub wird niemals die Pracht einer Blume entfalten. Schauen wir uns also die wunderschönen Blumenbeete an. Die meisten Pflanzen stehen in Blüte, die Blätter der Bäume, die die Beete säumen, sind von einem saftigen Grün. Im Herbst werden sie braun werden, abfallen und schließlich im Winter nur kahle Äste hinterlassen. Frühling, Sommer, Herbst und Winter: In den gemäßigten Breiten unseres Planeten wiederholen sich Jahr für Jahr die Jahreszeiten. Das müsste aber nicht so sein. Die Abfolge der Jahreszeiten verdanken wir einigen sehr speziellen Eigenschaften unseres Planeten.

Manche Menschen sind der Meinung, dass es im Sommer deswegen wärmer ist als im Winter, weil die Erde sich dann näher an der Sonne befindet. Und tatsächlich stimmt es, dass sich der Abstand zwischen Erde und Sonne ändert. Wir haben auf der Straße gerade noch darüber nachgedacht. Wie Johannes Kepler Anfang des 17. Jahrhunderts erkannt hatte, bewegen sich die Planeten nicht auf kreisförmigen Bahnen um die Sonne, sondern auf ovalen Ellipsen. Im Laufe eines Jahres ist die Erde der Sonne also wirklich immer einmal besonders nahe und einmal besonders weit von ihr entfernt. Der Unterschied ist allerdings gering. An ihrem sonnenfernsten Punkt beträgt der Abstand zwischen Sonne und Erde knapp 152 Millionen Kilometer. Am sonnennächsten Punkt sind es 147 Millionen. Der Unterschied beträgt nur 5 Millionen Kilometer, das ist so gut wie nichts, wenn man kosmische Maßstäbe anlegt. Auf jeden Fall viel zu wenig, um für den großen Temperaturunterschied zwischen Sommer und Winter zu sorgen. Hinzu kommt, dass die Erde ihren sonnennächsten Punkt immer Anfang Januar erreicht. Dass der Abstand zur Sonne nicht für die Jahreszeiten verantwortlich ist, sieht man auch leicht daran, dass Frühling, Sommer, Herbst und Winter keine globalen Phänomene sind. Wenn wir in Europa Sommer haben, herrscht auf der südlichen Halbkugel der Erde Winter. Wenn bei uns Frühling ist, ist dort Herbst. Und in der Nähe des Äquators und an den Polen gibt es überhaupt keine Jahreszeiten mehr. Dort herrscht ewiger Sommer beziehungsweise Winter.

Der Grund für die Jahreszeiten hat mit der Erde selbst zu tun. Die Erde dreht sich, und dafür braucht sie einen Tag. Aber wenn wir uns die Erde als Kreisel vorstellen und die Ebene der Erdbahn als den Fußboden, so steht der Erdkreisel nicht ganz aufrecht. Er ist ein klein wenig geneigt, die Erdachse ist um 23,5 Grad aus der Senkrechten verschoben. Das ist der Grund für unsere Jahreszeiten. Während sich die Erde im Laufe eines Jahres um die Sonne bewegt, bleibt die Neigung immer gleich.[22] Es gibt also immer eine Hälfte der Erde, die sich zur Sonne hin-, und eine, die sich von ihr wegneigt. Zwischen März und September ist es die Nordhalbkugel der Erde, die zur Sonne gerichtet ist. Von Europa aus sehen wir in dieser Zeit die Sonne höher am Himmel stehen als in der anderen Hälfte des Jahres. Die Sonnenstrahlen treffen in einem steileren Winkel auf die Erdoberfläche. Ihre Energie verteilt sich auf einen kleineren Bereich. Die Sommersonne kann uns deswegen viel stärker aufheizen als die Wintersonne, deren Licht uns unter einem flacheren Winkel trifft. Die Energie verteilt sich dann über ei-

---

[22] Genau genommen schwankt die Achsenneigung im Laufe der Jahrmillionen ein wenig um den Wert von 23,5 Grad herum. Das hat aber keine Auswirkungen auf die Erklärung der Entstehung der Jahreszeiten.

nen größeren Bereich, es ist kühler. Außerdem sind die Tage im Sommer viel länger als im Winter, und die Sonne verfügt über mehr Zeit, um die Erde zu erwärmen (siehe dazu auch Seite 45 f., «Die Uhr am Himmel»).

Die konstante Abfolge der Jahreszeiten auf der Erde existiert also, weil diese ein bisschen schief im Raum steht. Wir können froh darüber sein, dass sich die Neigung unserer Achse im Laufe der Zeit kaum ändert. Würde sie das tun, wäre auch die Abfolge der Jahreszeiten nicht mehr so ordentlich und verlässlich wie heute. Das Klima wäre viel chaotischer, und es ist fraglich, ob sich auf der Erde unter solchen instabilen Bedingungen überhaupt höheres Leben hätte entwickeln können.

Wenn wir im Winter durch den verschneiten Park gehen, dann können wir sicher sein, dass der Schnee irgendwann schmelzen und blühenden Blumen Platz machen wird. Wenn wir im Sommer unter den grünen Blättern der Bäume spazieren, dann wissen wir, dass sie bald abfallen werden, wenn Herbst und Winter kommen. Die Jahreszeiten kommen und gehen und kommen – und der Grund für diese immer ordentliche Abfolge ist die größte Katastrophe, die unser Planet je erlebt hat!

Als wir vorhin den Staub unter unseren Füßen betrachteten, haben wir festgestellt, dass ein Teil davon aus dem All kommt. Er ist ein Überbleibsel aus der Frühzeit des Sonnensystems, als aus den kosmischen Staubkörnern zuerst die Asteroiden und dann die Planeten entstanden. Heute hat unser Sonnensystem acht Planeten. Das sind aber nur die, die übrig geblieben sind. Zur Zeit der Planetenentstehung gab es noch mehr von ihnen. Und die junge Erde ist immer wieder mit ihnen aneinandergeraten. Von dem Einschlag, der das Gold auf die Erde gebracht hat, haben wir vorhin schon gehört. Es gab aber noch einen größeren Rumms.

Vor 4,5 Milliarden Jahren stieß die noch junge Erde mit einem anderen Planeten zusammen. Er war in etwa so groß wie der Mars und wurde beim Zusammenstoß komplett zerstört. Auch die Erde wurde dadurch noch einmal aufgeschmolzen (glücklicherweise gab es damals noch kein Leben auf dem Planeten), aber sie fiel zumindest nicht vollkommen auseinander. Die Trümmer der Kollision wurden in den Weltraum geschleudert, und aus ihnen bildete sich ein neuer Himmelskörper: der Mond.

Wissenschaftler haben sich im Laufe der letzten Jahrhunderte immer neue Hypothesen ausgedacht, um die Entstehung des Mondes zu erklären. Man dachte zum Beispiel, dass sich die Erde früher, als sie noch zähflüssig war, so schnell um ihre eigene Achse gedreht hat, dass dabei ein Stückchen ins All geschleudert wurde, aus dem dann der Mond entstand. Oder der Mond ist ganz woanders im Sonnensystem entstanden, flog irgendwann zu nahe an der Erde vorbei und wurde «eingefangen». Es gab noch viel mehr Theorien, aber sie alle hatten den ein oder anderen Fehler. Wir wissen heute aus geologischen Untersuchungen, dass die Erde sich in der Vergangenheit nie schnell genug gedreht hat, damit sich der Mond hätte abspalten können. Wir wissen aus himmelsmechanischen Berechnungen, dass die Chance auf einen zufälligen «Einfang» eines Mondes enorm gering ist. Nur die Kollisionstheorie ist einigermaßen plausibel. Sie ist erst knapp 60 Jahre alt und stammt aus einer Zeit, als die Wissenschaftler die Entstehung der Planeten besser verstanden und herausfanden, dass diese Stück für Stück aus kosmischen Staubkörnern aufgebaut worden waren. Bei so einem Prozess musste es zwangsläufig nicht nur zu Kollisionen kommen, bei denen die einzelnen Komponenten verschmelzen, sondern auch zu Zusammenstößen, bei denen die Kollisionspartner teilweise zerstört werden. Es schien also plausibel anzunehmen, dass auch die Erde so ein Schicksal erfahren hatte.

Moderne Computersimulationen zeigen, dass es tatsächlich möglich ist, dass der Mond auf diese Art entstand. Und geologische Untersuchungen des Mondes deuten ebenfalls darauf hin, dass er aus einem großen Zusammenstoß vor 4,5 Milliarden Jahren hervorging. Natürlich gibt es noch jede Menge offene Fragen. Aktuelle Analysen des Mondgesteins zeigen zum Beispiel, dass es den Steinen auf der Erde sehr ähnlich ist. Viel zu ähnlich! Man erwartete zwar, dass Mond und Erde aus ähnlichen Materialien bestehen – immerhin ist der Mond ja auch aus den Trümmern der Erde zusammengesetzt, die damals ins All geschleudert wurden. Zum Teil besteht er aber auch aus dem Material des zerstörten Kollisionspartners (er trägt übrigens den Namen «Theia»). Und es gibt keinen Grund, warum Theia aus dem gleichen Material gemacht sein sollte wie die Erde. Aber vielleicht ist der Zusammenstoß ja auch anders verlaufen, und die Trümmer von Erde und Theia haben sich stärker vermischt? Oder Theia kam aus den kälteren, äußeren Bereichen des Sonnensystems und bestand zu einem großen Teil aus Eis, das bei der Kollision einfach verdampft ist?

Es ist einfach verdammt schwierig, etwas über ein Ereignis herauszufinden, das vor 4,5 Milliarden Jahren stattgefunden hat. Vor allem dann, wenn man nur knapp 400 Kilogramm Gesteinsproben zur Verfügung hat und das Untersuchungsobjekt fast 400 000 Kilometer von der Erde entfernt ist. Wir werden wohl darauf warten müssen, bis der Mensch zum Mond zurückgekehrt ist. Erst wenn wieder Astronauten auf dem Mond landen und neue Daten sammeln, werden wir neue Erkenntnisse über seine Entstehung bekommen.

Aber egal, wie der Mond entstanden ist: Wir können froh darüber sein, dass wir ihn haben! Denn seine Gravitationskraft ist es, die unsere Erdachse ruhig hält. Berechnungen zeigen, dass die Erdachse viel stärker schwanken würde, wenn der Mond nicht da wäre. Und das hätte natürlich Auswirkungen auf das Klima. Was auch immer vor 4,5 Milliarden Jahren passiert ist und den Mond erzeugt hat: Ohne dieses Ereignis würden die Jahreszeiten heute nicht so geordnet aufeinanderfolgen. Wir könnten uns nicht sicher sein, dass auf den Winter der Frühling folgt und auf den Schnee die blühenden Blumen. Vermutlich gäbe es aber dann auch keine Menschen, die sich darauf freuen können. Betrachten wir also die schönen Blumen noch ein wenig und denken wir dabei auch an den Mond, der dafür sorgt, dass bei den Jahreszeiten alles seine Ordnung hat.

Ein Hoch auf den Treibhauseffekt

In der Sonne ist es nun richtig warm geworden. Gehen wir lieber unter einen der großen Bäume, die neben den Beeten entlang des Weges wachsen. Im Schatten können wir besser darüber nachdenken, warum es auf der Erde eigentlich so warm ist.

Gut, bei uns in Mitteleuropa ist es normalerweise nur im Sommer heiß. Aber wir haben ja vorhin schon festgestellt, dass die jahreszeitlichen Temperaturunterschiede nur von der Neigung der Erdachse abhängen. Sie sorgt dafür, dass die Energie, die uns von der Sonne erreicht, je nach Jahreszeit unterschiedlich auf der Erdoberfläche verteilt wird. Der Abstand zwischen Erde und Sonne ändert sich aber so gut wie gar nicht, und deswegen ist auch die Menge der auf die Erde treffenden Sonnenstrahlung fast konstant. Verlassen wir kurz unseren Platz unterm Baum und begeben wir uns – zumindest in Gedanken – ins Weltall. Nicht weit, nur in etwa 100 Kilometer Höhe, dort, wo die Atmosphäre der Erde im Wesentlichen zu Ende ist. Hier erreicht uns eine Sonnenstrahlung mit einer Intensität von durchschnittlich 1367 Watt pro Quadratmeter – diese Zahl wird auch «Solarkonstante» genannt.

Die Erde kann diese Energie aber nicht komplett nutzen. Nur ein Teil davon kann sie aufheizen, der Rest wird wieder zurück ins Weltall reflektiert. Und die Erde kann ihre Wärme auch nicht behalten. Auch sie wird wieder abgestrahlt, und zwar umso stärker, je wärmer es ist. Berechnet man, wie viel Energie insgesamt von der Sonne bis zur Erde gelangt und wie viel davon die Erde wieder abstrahlt, dann bekommt man die sogenannte Gleichgewichtstemperatur. Das wäre die durchschnittliche Temperatur, die wir auf der Erde erwarten können. Überraschenderweise sind das nur −18 Grad Celsius! Offensichtlich ist es bei uns aber viel wärmer. Die gemessene Durchschnittstemperatur beträgt 15 Grad Celsius. Wir liegen mit unserer Rechnung also über 30 Grad daneben. Aber das ist auch kein Wunder. Denn wir haben die Atmosphäre komplett ignoriert. Sie ist es, die unseren Planeten lebenswert macht. Sie erzeugt einen «Treibhauseffekt», dank dem die Erde keine gefrorene Kugel ist, sondern ein Planet mit angenehmen Temperaturen und voller Leben.

Wir sind daran gewöhnt, den Treibhauseffekt als etwas Negatives zu sehen. Aber der *natürliche* Treibhauseffekt ist für das Leben auf der Erde von fundamentaler Wichtigkeit. Die äußeren Bereiche der Sonne sind etwa 5600 Grad Celsius heiß. Die Strahlung, die sie bei dieser Temperatur abgibt, dringt größtenteils ungehindert durch die Atmosphäre der Erde und erreicht den Boden (sofern sie nicht von Wolken blockiert wird). Der Boden heizt sich auf und gibt selbst wieder Strahlung (in Form von Wärme) ab. Da auf der Erde aber – glücklicherweise! – keine Temperatur von 5600 Grad herrscht, unterscheidet sich diese Strahlung von der der Sonne. Die von der Erde abgegebene Strahlung wird zu einem Teil von der Atmosphäre blockiert. Licht und Wärme von der Sonne gelangen also zur Erde, werden aber nur teilweise wieder zurück ins Weltall reflektiert. Die Atmosphäre wirkt wie die Glasscheiben in einem Treibhaus. Verantwortlich dafür sind verschiedene sogenannte Treibhausgase. Das effektivste von ihnen ist simpler Wasserdampf: Die Wassermoleküle in der Luft halten die von der Erde reflektierte Wärmestrahlung zurück und führen dazu, dass unser Planet wärmer ist, als er es eigentlich sein sollte.

Leider gibt es nicht nur den natürlichen Treibhauseffekt, der die Erde lebensfreundlich gemacht hat. Indem wir durch unsere Industrie immer mehr Treibhausgase wie Kohlenstoffdioxid oder Methan in die Atmosphäre entlassen, haben wir Menschen mittlerweile einen künstlichen Treibhauseffekt erzeugt. Wenn sich daran nichts ändert, wird es auf der Erde vielleicht bald ungemütlich warm werden. Wohin ein außer Kontrolle geratener Treibhauseffekt führen kann, sieht man gut bei unserem Nachbarplaneten, der Venus. Sie ist fast so groß wie die Erde. Sie befindet sich allerdings ein bisschen näher an der Sonne. Auf der Venus beträgt die Solarkonstante daher nicht 1367 Watt pro Quadratmeter, sondern etwa 2620 Watt pro Quadratmeter. Wir können also davon ausgehen, dass es auf der Venus wärmer ist als auf der Erde. Das stimmt auch – der Unterschied ist allerdings dramatisch. Die durchschnittliche Temperatur auf der Oberfläche der Venus beträgt circa 460 Grad Celsius! Das ist um mehr als 400 Grad wärmer, als es eigentlich sein sollte. Der natürliche Treibhauseffekt, der die Erde nur um 30 Grad erwärmt hat, hat aus der Venus eine Gluthölle gemacht, auf deren Oberfläche sogar Blei schmelzen würde. Die Atmosphäre der Venus besteht zu 96 Prozent aus Kohlenstoffdioxid, und dieses Treibhausgas ist besonders effektiv dabei, die Wärme der Sonne einzufangen. Weil die Venus der Sonne näher steht, gab es dort auch früher schon weniger Wasser als bei uns, das schnell verdampfte und nicht mehr zur Verfügung stand, um den Kohlenstoff chemisch zu binden. Auf der Venus findet auch keine Plattentektonik statt. Denn auch die Bewegung der Kontinente hat Einfluss auf die Atmosphäre: Wenn zwei Kontinentalplatten aufeinandertreffen und sich neue Gebirge bilden, verstärkt das die Verwitterung des Gesteins. Dabei reagiert das Element Calcium im Gestein mit Kohlenstoffdioxid im Regen,[23] und das Treibhausgas wird im Gestein festgehalten. Es ist nun nicht mehr Teil der Atmosphäre und kann nichts zum Treibhauseffekt beitragen. Auf der Venus fehlt dieser Mechanismus, daher ist der Kohlenstoffdioxidgehalt der Atmosphäre um ein Vielfaches größer.

Auf der Suche nach außerirdischen Bäumen

Der menschengemachte Treibhauseffekt wird zwar auf der Erde nicht für einen Temperaturanstieg um mehrere hundert Grad sorgen. Doch es reichen ein paar Grad, um unseren eigentlich

---

[23] Genau genommen ist es eine Verbindung aus Wasser und Kohlenstoffdioxid, die Kohlensäure, die mit dem Gestein reagiert.

recht freundlichen Planeten deutlich ungemütlicher zu machen.

An so einem schönen und sonnigen Tag wollen wir den Klimawandel aber ausnahmsweise einmal kurz vergessen. Und lieber auf das blicken, was der natürliche Treibhauseffekt bei uns auf der Erde erst möglich gemacht hat: das Leben. Die Erde ist ein grüner Planet. Überall wachsen Pflanzen. Wir brauchen nur unseren Blick nach oben zu richten, auf das grüne Blätterdach der Bäume. Und all diese Blätter schicken ein Signal in den Weltraum! Wenn es irgendwo dort draußen andere intelligente Lebewesen gibt, dann könnten sie auch aus weiter Ferne sehen, dass hier bei uns auf der Erde Leben existiert.

Das, was die Pflanzen grün macht, ist ein Stoff namens Chlorophyll. Er ist in der Lage, das Sonnenlicht auf chemischem Weg in für die Pflanze nutzbare Energie umzuwandeln. Diesen Vorgang nennt man Photosynthese, und er bildet die Grundlage für das Leben auf der Erde (die Photosynthese erzeugt als Abfallprodukt Sauerstoff, ein Gas, das erst durch die Pflanzen in großen Mengen in die Erdatmosphäre gelangte). Das Chlorophyll benötigt allerdings nicht die gesamte Energie des Sonnenlichts. Die Strahlung der Sonne ist aus vielen verschiedenen Teilen zusammengesetzt. Neben dem Anteil der Sonnenstrahlung, den wir sehen können – das sichtbare Licht –, sendet die Sonne auch noch Infrarotstrahlung (also Wärme) aus. Und zusätzlich alle anderen Arten elektromagnetischer Strahlung: zum Beispiel Radiowellen, Röntgenstrahlung oder Mikrowellen. Es ist eigentlich immer die gleiche Strahlung, der einzige Unterschied ist die Geschwindigkeit, mit der die Wellen hin und her schwingen. Radiowellen machen das zum Beispiel viel langsamer als die Infrarotstrahlung, die wiederum langsamer schwingt als die

Wellen des sichtbaren Lichts. Radiowellen, Mikrowellen und Infrarotstrahlung sind nichts anderes als «Licht», nur dass wir es nicht sehen können, weil unsere Augen dafür nicht ausgelegt sind. Die Art der Strahlung ist aber immer dieselbe. Man nennt die Gesamtheit all dieser Wellen daher auch das «elektromagnetische Spektrum».

Aber nicht jede Welle durchdringt die Atmosphäre. Den Erdboden und damit die Pflanzen erreichen hauptsächlich sichtbares Licht und Infrarotstrahlung. Aber auch das sichtbare Licht ist eine Mischung. Es besteht buchstäblich aus all den Farben des Regenbogens. Denn ein solcher entsteht genau dann, wenn Licht auf bestimmte Art und Weise durch Wassertropfen in der Luft scheint. So wie in einer Linse wird der Lichtstrahl abgelenkt. Die Stärke der Ablenkung ist für jede Farbe aber unterschiedlich stark. Der Tropfen spaltet das Licht in seine einzelnen Bestandteile auf, die wir normalerweise nur gemischt als weißes Licht sehen können.

Das Chlorophyll benutzt nur einen Teil des sichtbaren Lichts. Es absorbiert vor allem blaues und rotes Licht. Der grüne Anteil des Sonnenlichts wird von ihm reflektiert – und genau darum sehen wir überall grüne Blätter. Auch das infrarote Licht wird von den Pflanzen fast komplett reflektiert. Das passiert überall auf der Erde, wo Licht auf Chlorophyll trifft. Auf allen Landflächen, auf denen Pflanzen wachsen, und auch im Meer, wo Chlorophyll in vielen Algen vorhanden ist. Das prägt dem Licht, das von der Erde reflektiert wird, ein ganz charakteristisches Signal auf.

Wenn wir heute die Erde vom Weltall aus beobachten, sind die Kameras der Satelliten gut genug, um die grünen Wälder und Wiesen direkt zu sehen. Aber selbst wenn wir weit entfernt wären, so weit, dass die Erde nur noch als kleiner Lichtpunkt auszumachen wäre, könnten wir auf ihr noch die Signale der Pflanzen entdecken. Wir müssen dazu nur das tun, was der Regentropfen mit dem Sonnenlicht macht, um einen Regenbogen zu erzeugen: Das von der Erde reflektierte Licht in seine Bestandteile aufspalten. Das geschieht mit Geräten, die man «Spektrometer» nennt, und sie gehören zu den wichtigsten Instrumenten der Astronomen. Mit ihnen kann man genau feststellen, wie viel blaues Licht reflektiert wird; wie viel grünes Licht, wie viel rotes Licht und so weiter. Da die vielen Pflanzen auf der Erde mit ihrem Chlorophyll einen Teil des blauen und roten Lichts absorbieren und in Energie umwandeln, reflektiert die Erde weniger blaues und rotes Licht, als man eigentlich erwarten würde. Ganz besonders stark ist der Effekt beim Vergleich von rotem und infrarotem Licht zu sehen. Der rote Anteil wird von den Pflanzen absorbiert und der infrarote reflektiert. Der Unterschied wird als «Red Edge» («rote Kante») bezeichnet, weil die Menge des reflektierten Lichts sprunghaft ansteigt, wenn man rotes und infrarotes Licht vergleicht.

Während wir diese Überlegungen anstellen, sitzen wir noch immer unter einem Baum im Park, der nicht nur Pflanzen, sondern auch Unmengen von Tieren Heimat bietet. Wir wissen also, dass es auf der Erde Leben gibt, und müssen dafür keine komplizierten Messungen des reflektierten Lichts anstellen. Bei anderen Planeten ist das aber nicht so einfach. Die Astronomen haben bis heute schon 843 Planeten (Stand Oktober 2012) entdeckt, die sich außerhalb unseres Sonnensystems befinden und andere Sterne umkreisen. Sie sind so weit entfernt, dass wir sie meistens nicht direkt beobachten können und sie nur anhand indirekter Hinweise finden konnten. Und die Planeten, die wir tatsächlich sehen können, sind nur winzige Lichtpunkte. Es besteht keine Chance, in naher Zukunft einmal Details ihrer Oberfläche beobachten zu können. Ob es dort große Ozeane und grüne Wälder gibt, können wir nicht direkt sehen. Aber wir können das oben beschriebene Phänomen nutzen, um indirekte Hinweise auf die Existenz von Leben zu finden. Wenn es auf anderen Planeten Leben gibt und dieses Leben dem auf der Erde ähnlich ist, dann muss man auch hier einen «Red Edge»-Effekt sehen können. Wenn wir das reflektierte Licht durch ein Spektrometer schicken und dann eine deutliche «rote Kante» sehen, weist dies auch bei einem fernen Planeten klar auf die Existenz von Leben hin!

Noch sind unsere Instrumente nicht ausreichend genau, um Untersuchungen dieser Art anstellen zu können. Aber es wird nicht mehr lange dauern, bis die Technik ausgereift ist. Doch selbst dann ist der Erfolg nicht garantiert. Denn es gibt keinen zwingenden Grund, warum das Leben auf anderen Planeten dem unseren ähnlich sein muss. Vielleicht haben sich dort Pflanzen entwickelt, die ganz andere Teile des Lichts benutzen, um ihre Energie zu gewinnen? Das kann durchaus sein – hilft uns aber bei der Suche nicht wirklich weiter. Wir können nur nach dem suchen, was wir auch verstehen. «Fremdes» Leben ist fremd, und wenn wir nicht wissen, wie es sich verhält, wissen wir auch nicht, nach was wir suchen sollen. Solange wir noch nicht herausgefunden haben, welche fundamental anderen Arten von Leben es prinzipiell noch geben könnte, müssen wir uns darauf beschränken, nach der Art von Leben zu suchen, das wir auch erkennen können. Wenn es irgendwo auf den 843 Planeten, die wir bis jetzt entdeckt haben, so eine Art von Leben gibt, dann werden wir es in den nächsten Jahrzehnten auch finden!

Denn so wie die Blätter des Baums, unter dem wir gerade sitzen, ihre Existenz ins All signalisieren, tun das auch die Pflanzen auf anderen Planeten. Wenn sie irgendwo da draußen wachsen, werden wir sie eines Tages ausfindig machen.

Weltraumwasser

Es wird langsam Zeit, den schattigen Platz unter den Bäumen zu verlassen, um den Rest des Parks zu erkunden. In seiner Mitte plätschert das Wasser in einem schönen, kleinen Springbrunnen vor sich hin. Ein guter Platz, um weiter über das Leben nachzudenken. Denn Leben konnte sich auf der Erde nur entwickeln, weil es hier das gibt, was durch den Brunnen fließt: Wasser.

Mehr als zwei Drittel der Erdoberfläche sind mit Wasser bedeckt. Flüssiges Wasser ist das, was unseren Planeten einzigartig im Sonnensystem macht. Eis oder Dampf gibt es auch auf anderen Himmelskörpern. Wasser, das nicht flüssig ist, ist eines der am häufigsten auftretenden Moleküle im Weltall. Man findet es überall, zum Beispiel als Eis auf der Oberfläche von Himmelskörpern oder auch mitten im Weltall: Die großen Wolken aus Staub und Gas, aus denen die Sterne entstehen und auch unsere Sonne entstanden ist, enthalten ebenfalls viele Wassermoleküle.

Von der Erde wissen wir, dass auf ihr Wasser in flüssiger Form vorkommt.[24] Sie befindet sich in der sogenannten habitablen Zone. So nennt man den Bereich um die Sonne herum, in dem die Temperatur genau richtig ist. Planeten, die sich zu nahe an der Sonne befinden, sind zu heiß, und das Wasser verdampft.

---

24 Vermutlich existiert auch auf dem Jupitermond Europa ein großer unterirdischer Wasserozean unter einer kilometerdicken Eisschicht.

Entfernt man sich dagegen zu weit, dann bleibt das Wasser ewig gefroren. Es darf nicht zu heiß und nicht zu kalt sein, sodass das Wasser weder verdampft noch gefriert. Nur dann befindet sich ein Planet in der idealen Position.

Aber auch die beste Lage nützt nichts, wenn kein Wasser vorhanden ist. Die genaue Herkunft des Wassers auf der Erde ist noch nicht endgültig geklärt. Natürlich stammt es aus dem Weltall. Aber auf welche Art und Weise ist es auf der Oberfläche unseres Planeten gelandet? Die vielen Felsbrocken, die vor 4,5 Milliarden Jahren kollidierten und dabei die Erde gebildet haben, enthielten sicherlich auch eine gewisse Menge an Wasser. Durch Vulkanismus gelangte es auf der jungen Erde an die Oberfläche und sammelte sich als Wasserdampf in der Atmosphäre. Als die Erde dann ausreichend abgekühlt war, wurde es flüssig, und ein langer, langer Regen schuf die ersten Ozeane. Die meisten Wissenschaftler sind allerdings der Meinung, dass das Wasser aus dem Inneren der Erde nicht ausgereicht hat, um die heute beobachteten Mengen zu schaffen. Ein Großteil des Wassers, das sich heute auf der Erde befindet, kam erst später dazu. Es nahm nicht den Umweg über das Erdinnere, sondern kam direkt zu uns: Es wurde von einschlagenden Asteroiden und Kometen geliefert!

Asteroiden und Kometen haben ein komplett unterschiedliches Erscheinungsbild. Aber eigentlich sind sie eng verwandt. Beide entstanden in der Frühzeit des Sonnensystems, als sich der ursprüngliche Staub zu Himmelskörpern zusammenballte, die einige Meter bis einige Kilometer groß waren. Man nennt sie Planetesimale, und die Asteroiden und Kometen sind das, was heute noch von ihnen übrig ist. Die Staubscheibe, die die junge Sonne umgab, enthielt aber auch noch jede Menge andere

Elemente und Moleküle, darunter auch Wasser. Weit genug von der Sonne entfernt konnten die Planetesimale auch Eis enthalten; in der Nähe der Sonne war es dafür zu heiß. Der Unterschied zwischen Asteroid und Komet liegt also in ihrem Entstehungsort. Beide sind Planetesimale, aber während Asteroiden näher an der Sonne entstanden und darum weniger Eis enthalten, sind die Kometen in den ferneren und kälteren Regionen geboren. Sie enthalten viel Eis. Wissenschaftler beschreiben sie gerne als «schmutzige Schneebälle». Normalerweise bleiben die Kometen auch in den äußeren Regionen des Sonnensystems. Ab und zu kommt es aber vor, dass sich einer von ihnen auf einer Bahn bewegt, die ihn in die Nähe der Sonne bringt. Dann wird er immer wärmer, und irgendwann verdampft sein Eis. Es reißt Staub und Gestein des Kometenkerns mit sich, und so entsteht der lange und beeindruckende Schweif eines Kometen. Die Spuren aus Kometendreck sind übrigens auch eine Quelle für Sternschnuppen. Auf ihrem Weg um die Sonne kreuzt die Erde die von den Kometen hinterlassenen Spuren aus Staub immer wieder. Und wenn diese kosmischen Staubkörner in der Atmosphäre verglühen, können wir besonders viele Sternschnuppen beobachten.

Sollte die Erde aber nicht nur mit den Hinterlassenschaften des Kometen zusammenstoßen, sondern mit ihm höchstpersönlich, dann landet das Wasser, das er in gefrorener Form mit sich trägt, auf unserem Planeten. Das Gleiche passiert auch, wenn ein großer Asteroid auf der Erde einschlägt. Er enthält zwar weniger Eis als ein Komet, aber es kommt auf die Menge der Einschläge an. Heute sind große Einschläge zum Glück für uns Menschen relativ selten. In der hektischen und dynamischen Frühzeit des Sonnensystems waren sie aber sehr häufig. Durch die ständigen Kollisionen gelangte jede Menge Wasser auf unseren Planeten, vermutlich mehr, als aus dem Inneren der Erde an die Oberfläche dampfte. Ein Teil des Wassers, das neben uns im Springbrunnen plätschert, stammt also aus dem Weltall. Ein Komet oder ein Asteroid hat es zu uns gebracht und mit seinem Einschlag nicht nur eine gewaltige Katastrophe verursacht, sondern auch einen kleinen Teil dazu beigetragen, dass heute auf der Erde Leben existiert.

Wo die Dinos heute leben

Zum Beispiel die kleinen Vögel, die neben dem Brunnen auf dem Boden herumhüpfen und die Brotkrumen aufpicken, die Parkbesucher dort für sie hingeworfen haben. So wie alle anderen Lebewesen auch brauchen sie Wasser. Die gleichen Kollisionen aber, die vor Milliarden Jahren die Grundlage für das Leben auf die Erde brachten, könnten dieses Leben heute mit einem Schlag wieder auslöschen. Die Vorfahren der Vögel haben es am eigenen Leib erfahren ...

Wenn andere Himmelskörper mit der Erde kollidieren, ist das manchmal hilfreich. Ohne sie hätten wir kein Wasser und keinen Mond, der die Erdachse stabilisiert. Manchmal sind die Kollisionen auch völlig harmlos, zum Beispiel dann, wenn nur die Mikrometeoriten in der Atmosphäre verglühen und schöne Sternschnuppen erzeugen. Manchmal aber sind die kosmischen Kollisionen genau so, wie wir sie uns meistens vorstellen: katastrophal!

Die Felsbrocken aus dem All rasen mit einer Geschwindigkeit von ein paar Dutzend Kilometern pro Sekunde auf die Erde zu. Wenn es hier zur Kollision kommt, ist es kein Wunder, dass ihre Folgen katastrophal sind. Trifft ein Asteroid mit einer so hohen Geschwindigkeit auf die Lufthülle der Erde, dann entsteht eine enorme Reibungshitze. Die meisten Asteroiden sind vergleichsweise klein und bestehen nur aus Gestein. Sie halten das nicht lange aus und brechen auseinander. Die vielen kleinen Bruchstücke haben nun zusammengenommen eine viel größere Oberfläche als der ursprüngliche Asteroid. Es ist schlagartig mehr Fläche vorhanden, die an der Luft reiben kann, als zuvor. Die Reibungshitze nimmt dramatisch zu, und es kommt zu einer Explosion. Die Bruchstücke des Asteroiden werden pulverisiert; höchstens winzige Brocken davon erreichen den Boden. Solange so eine Explosion hoch genug über unseren Köpfen stattfindet, passiert uns nichts. Wir sehen einen hell lodernden Feuerball über den Himmel sausen, eine «Riesensternschnuppe». Wir hören vielleicht einen lauten Knall. Und vielleicht spüren wir auch eine Druckwelle. Oder wir merken gar nichts davon, weil alles zu weit über uns passiert.

Vielleicht haben wir aber auch Pech. Dann war der ursprüngliche Asteroid so groß, dass die Explosion nur wenige Kilometer über dem Erdboden stattfindet. In so einem Fall hilft es uns auch nicht, wenn er sich in der Luft komplett auflöst. Die Druckwelle der Explosion ist stark genug, um auf der Erde großen Schaden anzurichten. Das plötzliche Auseinanderbrechen des Asteroiden – ein sogenannter Airburst – ist vergleichbar mit der Zündung einer Atombombe über dem Erdboden. Die Folgen solch eines Ereignisses konnten russische Wissenschaftler beobachten, als sie 1927 die russische Taiga in der Nähe des Flusses Tunguska erforschten. Sie waren auf der Suche nach Spuren einer Katastrophe, die sich fast 20 Jahre zuvor dort abgespielt haben musste. Am 30. Juni 1908 gab es in der Region eine gewaltige Explosion. In der unbewohnten Wildnis gab es keine Augenzeugen, und daher wusste niemand, was wirklich passiert war. Aber noch in 50 Kilometer Entfernung vom Explosionsort spürte man die Hitze. Menschen wurden durch die Druckwelle zu Boden geworfen. Ein Beben der Erde spürte man noch 500 Kilometer entfernt, und auch den Knall konnte man so weit hören. Seismographen auf der ganzen Welt registrierten das Ereignis, auch in Deutschland schlugen die Geräte aus.

Irgendetwas Dramatisches war in Sibirien passiert. Die Region war allerdings kaum zugänglich, und als dann auch noch der Erste Weltkrieg ausbrach, verloren die Forscher vorerst das Interesse an Tunguska. Erst 1927 gelang es einer Expedition, zum Explosionsort vorzudringen. Was sie dort fanden, bestätigte die Erwartungen: Hier hatte sich tatsächlich eine Explosion von kaum vorstellbarem Ausmaß ereignet. Auf einem Gebiet von etwa 2000 Quadratkilometern waren sämtliche Bäume umgeknickt. Man schätzte, dass bei der Explosion knapp 60 Millionen Bäume gefällt worden waren. Was die Wissenschaftler aber nicht fanden, war ein Krater. Abgesehen von den Millionen gefällten Bäumen gab es keine Spur einer Explosion.

Heute wissen wir mit ziemlicher Sicherheit, was am 30. Juni 1908 in Sibirien passiert ist. Ein Asteroid oder ein Komet, ungefähr 30 bis 80 Meter groß, ist mit der Erde kollidiert. Er war zu klein und zu wenig kompakt, um den Erdboden zu erreichen. In einer Höhe von etwa 8 Kilometern brach er auseinander. Es gab einen «Airburst», eine gewaltige Explosion. Die Druckwelle fällte die Bäume. Einen Krater gab es nicht, weil die Bruchstücke des Himmelskörpers komplett pulverisiert worden waren.

Im Juni 1908 hatten wir Glück. Wäre die Kollision ein paar Stunden früher oder später passiert, wäre der Asteroid nicht über dem menschenleeren Sibirien explodiert, sondern über bewohntem Gebiet. Und statt 60 Millionen Bäumen wären unzählige Häuser zerstört worden. Ereignisse wie bei Tunguska sind glücklicherweise selten. Es gibt zwar immer wieder merkbare Airbursts, bei denen Menschen einen lauten Knall hören oder die Druckwelle Fensterscheiben zum Zittern bringt, wie zuletzt im April 2012 in Kalifornien. Kollisionen mit einer Wucht wie bei Tunguska finden aber im Durchschnitt nur alle paar hundert bis tausend Jahre statt. Und selbst dann ist die Wahrscheinlichkeit hoch, dass die Explosion über menschenleerem Gebiet stattfindet. Zwei Drittel der Erdoberfläche sind von Meeren bedeckt, und auch die Landflächen sind in weiten Bereichen unbewohnt. Die Chancen, durch ein Tunguska-Ereignis zu Schaden zu kommen, sind also vergleichsweise gering. So etwas passiert selten, und ein Airburst dieser Art richtet, global gesehen, keinen dauerhaften Schaden an.

Richtig unangenehm wird es erst, wenn die kollidierenden Objekte größer werden. Ab etwa einem Durchmesser von 100 Metern ist der Asteroid oder Komet groß genug, um bis zum Erdboden durchzukommen. Die Bruchstücke verglühen nicht mehr komplett, und der Himmelskörper schlägt mit voller Wucht ein. Er erzeugt einen Krater und ungleich größere Verwüstung als ein simpler Airburst. Trifft er den Ozean, können Tsunamis entstehen. Ist der Asteroid aber größer als etwa ein Kilometer, dann ist es völlig egal, wo er die Erde trifft. Es ist auf jeden Fall der ganze Planet betroffen. Jetzt sind die Folgen global und können die Schäden dauerhaft sein.

Wenn so ein Asteroid oder Komet mit der Erde kollidiert,

spielt es keine Rolle, ob er auf Land oder Wasser trifft. Bei einem Einschlag im Meer durchdringt er die wenige Kilometer dicke Wasserschicht in Sekundenbruchteilen und schlägt einen gewaltigen Krater in den Meeresboden. Der einzige Unterschied zu einem Treffer auf dem Festland besteht in der hier zusätzlich ausgelösten gigantischen Flutwelle, die wenig später auf die Küstengebiete trifft und noch Hunderte Kilometer landeinwärts Schäden anrichtet. In der näheren Umgebung des Kraters sind alle Lebewesen sofort tot. Weiter weg hat man noch eine kurze Gnadenfrist – so lange, bis die enorme Druckwelle der Explosion dort ankommt und alles niedermäht, was noch steht. Der Rest geht dank der hohen Temperaturen in Flammen auf. Eine «sichere» Entfernung gibt es nicht. Wer von den direkten Auswirkungen der Explosion verschont geblieben ist, wird wenig später unter den indirekten Folgen zu leiden haben. Gesteinsbrocken, die beim Einschlag in die Luft geschleudert wurden, erreichen fast das All und gehen überall auf der Welt nieder. Dadurch erzeugen sie neue Einschlagskrater, neue Katastrophen und neue Brände. Bei all diesen Einschlägen verdampft jede Menge schwefelhaltiges Gestein, und der Schwefel gelangt in die Atmosphäre. Saurer Regen überall auf der Welt ist die Folge. Die Einschläge haben gewaltige Mengen an Gestein in die Luft geschleudert. So hoch, dass die Höhenwinde den Staub über die ganze Erde verteilen. Das Sonnenlicht dringt nicht mehr durch, und es wird dunkel. Die Dunkelheit kann monatelang anhalten. Pflanzen, die auf das Sonnenlicht angewiesen sind, verkümmern. Pflanzenfresser finden keine Nahrung, Fleischfresser keine Beute mehr. Die Nahrungskette kollabiert. Ganze Arten sterben aus.

Paläontologen wissen schon lange, dass in der Vergangenheit

der Erde immer wieder Massensterben stattgefunden haben. Eine Untersuchung von Fossilien zeigt, dass zu bestimmten Zeiten der Erdgeschichte überdurchschnittlich viele Arten innerhalb sehr kurzer Zeiträume verschwunden sind. Nicht immer sind Asteroideneinschläge dafür verantwortlich gewesen. Es gibt auch andere Katastrophen, die zu Massensterben führen können. Besonders starke Vulkanausbrüche – von sogenannten Supervulkanen – können ähnliche Folgen wie ein Asteroideneinschlag haben. Auch hier verdunkelt der Staub weltweit den Himmel und erzeugt der austretende Schwefel sauren Regen.

Unter gewissen Umständen können auch Eiszeiten fast die gesamte Erde unter einem Eispanzer begraben. Man vermutet, dass die Erde in der Vergangenheit schon mehrmals so eine «Schneeball»-Phase durchgemacht hat. Vermutlich war die Plattentektonik dafür verantwortlich. Die langsame Bewegung der Kontinente (sie bewegen sich nur etwa einen Zentimeter pro Monat) sorgt im Laufe der Jahrmillionen dafür, dass sie sich immer wieder mal zu einem «Riesenkontinent» zusammenschließen, danach wieder auseinanderbrechen und sich über die ganze Erde verteilen (so wie es jetzt gerade der Fall ist). Diese Vorgänge beeinflussen die langfristigen Wettermuster – im Zentrum eines Riesenkontinents gibt es zum Beispiel kaum Regen. Das Wetter, vor allem der Regen, spielt wiederum eine Rolle bei der Verwitterung des Gesteins und hat einen Einfluss darauf, wie viel Kohlenstoffdioxid im Gestein festgehalten oder freigesetzt wird. Die Geologen vermuten, dass das langsame Entstehen und Vergehen der Riesenkontinente immer wieder zu Phasen geführt hat, in denen besonders wenig Kohlenstoffdioxid in der Atmosphäre vorhanden war. Dann wurde der natürliche Treibhauseffekt schwächer, und die Temperaturen sanken. Die Gletscher wurden größer, immer mehr Eis bedeckte die Erde. Dadurch wurde auch immer mehr Sonnenlicht zurück ins All reflektiert, und es wurde *noch* kälter. So kalt, dass irgendwann die ganze Erde mit Eis bedeckt war. Erst wenn die Verschiebung der Kontinente ein paar Millionen Jahre später wieder für verstärkten Vulkanismus gesorgt hatte und Kohlenstoffdioxid zurück in die Atmosphäre gelangen konnte, wurde es wieder wärmer, und das Eis zog sich zurück. Geologische Funde legen nahe, dass so etwas in der Vergangenheit der Erde mehrmals vorgekommen ist. Für die meisten Lebewesen war das natürlich fatal, einige überlebten jedoch in Äquatornähe, wo die Eisschicht manchmal dünn genug war, damit Licht durchdringen konnte. So überstand das Leben auf der Erde auch die «Schneeball»-Phasen.

Asteroideneinschläge zählen erst seit relativ kurzer Zeit zum Repertoire der Paläontologen. Man wollte lange Zeit nicht akzeptieren, dass Katastrophen dieser Art einen relevanten Einfluss auf die Erde haben können. Das klang zu sehr nach dem, was in der Bibel stand. Früher, als die Geschichten der Bibel auch von Wissenschaftlern noch als Tatsachenberichte akzeptiert wurden, hatte man die Sintflut als Erklärung für das plötzliche Aussterben vieler Tierarten herangezogen. Erst im 19. Jahrhundert machten die revolutionären Erkenntnisse von Charles Lyell und Charles Darwin allen klar, dass die Bibel in dieser Hinsicht nichts mit der Realität zu tun hat. Die Erde existiert schon weitaus länger, als es die religiöse Schöpfungsgeschichte erzählt, und es sind winzige und unendlich langsam ablaufende Prozesse, die während sehr langer Zeiträume die geologischen und biologischen Veränderungen verursachen. Wind und Wetter können im Laufe von Jahrmillionen ganze Gebirge abtragen, die langsame Bewegung der Kontinentalplatten kann im gleichen Zeitraum neue Gebirge aufwerfen und die natürliche Auslese neue Arten erschaffen. Weil die Geologie und die Biologie die Welt um sie herum immer besser verstanden, wollte niemand mehr zurück in eine Zeit, als biblische Katastrophen als Erklärung herhalten mussten.

Die Menschen waren daher äußerst skeptisch, als in der zweiten Hälfte des 20. Jahrhunderts ein paar Geologen vorschlugen, dass ein Asteroideneinschlag für eines der bekanntesten Massensterben in der Erdgeschichte verantwortlich war: das Ende der Dinosaurier. Diese Tiere beherrschten die Erde Hunderte Millionen Jahre lang und besetzten fast alle biologischen Nischen. Es gab große Dinosaurier und kleine, es gab sie in der Luft, zu Land und zu Wasser. Es gab Pflanzenfresser und Fleischfresser. Es gab sie auf allen Kontinenten. Und vor 65 Millionen Jahren verschwanden sie; zusammen mit vielen anderen Tierarten.

Man wusste, dass sie ausgestorben waren. Aber niemand kannte den Grund. Die Lösung entdeckte man erst durch Zufall, und es dauerte lange, bis sie allgemein akzeptiert wurde. Der amerikanische Geologe Walter Alvarez untersuchte in den 1970er Jahren eine bestimmte geologische Grenzschicht. Sie bestand aus Steinen, die 65 Millionen Jahre alt waren. In ihrer Mitte befand sich eine dünne Schicht, von der niemand genau sagen konnte, um was es sich handelte. Alvarez wollte nun herausfinden, über wie viele Jahre sie sich gebildet hatte. Dabei half ihm sein Vater, Luis Alvarez, Physik-Nobelpreisträger und immer für originelle Ideen gut. Seine Überlegungen zu dieser Schicht lauteten so: Vor 65 Millionen Jahren, als sie sich gerade bildete, lag sie noch direkt an der Erdoberfläche. Sie war also dem ständigen «Regen» aus kosmischem Staub ausgesetzt, der relativ gleichmäßig auf die Erde niederrieselte. Wenn man nun messen würde, wie viel Staub aus dem All sich in der Schicht befindet, und weiß, wie viel Staub pro Jahr auf die Erde niedergeht, dann kann man daraus berechnen, wie lange es gedauert hat, bis die Schicht entstand.

Die Idee von Alvarez war genial. Wir haben ja schon kurz nach dem Betreten des Parks herausgefunden, dass der Staub am Erdboden immer auch ein bisschen Material aus dem Weltall enthält. All die kleinen Mikrometeoriten, die Tag für Tag auf die Erde fallen, unterscheiden sich in ihrer Zusammensetzung von normalem Staub von der Erde. Die Himmelskörper aus dem All bestehen noch aus dem ursprünglichen Material; sie spiegeln die chemische Zusammensetzung der Scheibe aus Gas und Staub wider, die die junge Sonne vor 4,5 Milliarden Jahren umgeben hat und aus der die Planeten und Asteroiden entstanden sind. Die Planeten sind groß, und in ihrem Inneren ist es heiß. Durch die vielen Kollisionen, die zu ihrer Entstehung geführt haben, waren sie früher glutflüssig, und die schweren Materialien sanken in den Kern. Die leicht flüchtigen Elemente, die in den Gesteinsbrocken eingeschlossen waren, wurden bei den Kollisionen freigesetzt und entkamen ins All. Den kleinen kosmischen Staubkörnern blieb dieses Schicksal erspart. Sie haben heute noch die gleiche chemische Zusammensetzung wie vor 4,5 Milliarden Jahren. Dadurch lassen sie sich erkennen und vom normalen Staub unterscheiden.

Die Messungen waren allerdings sehr kompliziert und fehleranfällig. Erst 1980 veröffentlichte das Team von Alvarez seine Ergebnisse. Sie hatten in der Grenzschicht tatsächlich Material aus dem All gefunden. Es handelte sich um das Element Iridium, das in der Erdkruste selbst kaum vorkommt. Allerdings fanden sie viel mehr Iridium, als sie erwartet hatten. Viel mehr, als durch den normalen Regen aus kosmischem Staub auf die Erde gelangen konnte. Als sich die mysteriöse Gesteinsschicht gebildet hat, musste also in sehr kurzer Zeit sehr viel Iridium aus dem All auf die Erde gelangt sein.

Die logischste Erklärung dafür: Ein großer Himmelskörper – etwa 10 Kilometer im Durchmesser – musste vor 65 Millionen Jahren mit der Erde zusammengestoßen sein. Eine große Kollision zwischen der Erde und einem anderen Himmelskörper, genau zu der Zeit, als auch die Dinosaurier verschwanden! Die Erklärung für das Massensterben schien gefunden.

Trotzdem dauerte es lange, bis der Rest der Wissenschaftler diese Interpretation der Ergebnisse akzeptierte. Erst als 1991 der zum Einschlag gehörende Krater gefunden wurde, fand auch die Einschlagshypothese von Walter und Luis Alvarez allgemeine Anerkennung. Der Krater war deswegen so lange verborgen, weil er sich unter Wasser vor der Küste Mexikos befand. An der Erdoberfläche war nichts von ihm zu sehen, er konnte nur durch spezielle geologische Messungen entdeckt werden. Sein Alter, seine Größe und seine Lage passten allerdings genau zu den bekannten Daten. Entfernte man sich vom Einschlagskrater, nahm die Iridiumdichte ab, und je näher man ihm kam, desto dicker wurde die Schicht.

Für die Dinosaurier und viele andere Tiere und Pflanzen war der Einschlag vor 65 Millionen Jahren die größte vorstellbare Katastrophe. Die meisten überlebten das Ereignis nicht. Auf lange Sicht aber waren die Folgen nicht nur negativ. Es wurden auf einen Schlag viele ökologische Nischen frei, und die Säugetiere machten sich daran, sie zu besetzen. Bis dahin hatten sie im Schatten der Dinosaurier existiert: kleine, nagetierähnliche Lebewesen (die heute vorhandene Artenvielfalt gab es noch nicht). Erst als die Dinosaurier verschwunden waren, konnten die Säugetiere in die freien Nischen dringen. Aus der Sicht von uns Menschen war es deshalb sehr gut, dass vor 65 Millionen Jahren so ein katastrophaler Asteroideneinschlag stattgefunden hatte. Ohne ihn würde es uns heute vermutlich nicht geben.

Einige Dinosaurierarten überlebten den Einschlag, sie veränderten sich im Laufe der Evolution. Die Nachfahren einer Gruppe kleiner Raubdinosaurier können wir heute hier im Park sehen: die Vögel. Die kleinen Spatzen und Amseln, die hier fröhlich durch den Park fliegen, sind die Nachfahren der «schrecklichen Echsen» (so die deutsche Übersetzung des griechischen Wortes «Dinosaurier»), die für Hunderte Millionen Jahre die Welt beherrschten. Wenn wir an Dinos denken, dann stellen wir uns meist gigantische Brontosaurier oder einen gefährlichen Tyrannosaurus Rex vor. Aber es gab viele verschiedene Dinosaurier, und sie lebten überall. Sie liefen über das Land, sie schwammen im Wasser, und manche von ihnen flogen auch am Himmel. Manche von ihnen waren riesig, manche waren klein. Und einige der kleinen Dinos hatten sogar Federn. Nicht unbedingt nur zum Fliegen, sie dienten auch als Schutz vor Kälte und dazu, das andere Geschlecht zu beeindrucken.

Diese kleinen Dinosaurier hatten nun – so wie die nagetierähnlichen Vorfahren der Säugetiere – bessere Chancen, die Folgen des Impakts zu überleben, und taten dies zum Teil auch. Im Laufe der Evolution passten sich diese gefiederten Dinos den neuen Bedingungen immer weiter an, sie veränderten sich.

Während sich die Säugetiere zu der heute existierenden Vielfalt entwickelten, wurden die überlebenden Dinosaurier zu den Tieren, die wir heute Vögel nennen.

Die Vögel, die die Bäume unseres Parks bevölkern, erinnern daran, wie schnell sich – zumindest auf geologischen Zeitskalen – alles ändern kann. Wir Menschen allerdings sind gegenüber den Dinosauriern im Vorteil. Auch wenn wir im Vergleich mit ihnen die Erde erst seit kurzer Zeit bewohnen, haben wir es geschafft, so intelligent zu werden, dass wir die Gefahr erkennen, die uns vom Himmel droht. Und im Gegensatz zu den Dinos sind wir in der Lage, etwas dagegen zu unternehmen, uns zu schützen.

Bei unserem Spaziergang sind wir schon häufig auf kosmische Kollisionen gestoßen. Die Mikrometeoriten rieseln ständig auf die Erde nieder und machen einen Teil des Staubs aus, der am Boden zu finden ist. Das Wasser im Springbrunnen wurde vor Milliarden von Jahren durch kollidierende Asteroiden und Kometen auf die Erde gebracht. Die Vögel in den Bäumen sind die Nachfahren der Dinosaurier, die die große Katastrophe vor 65 Millionen Jahren überlebt haben. Die Kollisionen haben unsere Welt geprägt und sie zu dem gemacht, was sie heute ist. Mit eigenen Augen sehen können wir die gefährlichen Himmelskörper allerdings nicht. Nur die Sternschnuppen zeigen uns, wenn die Erde wieder einmal mit eincm Staubkorn aus dem All zusammengestoßen ist. Diese Kollisionen sind allerdings ungefährlich. Die Himmelskörper, um die wir uns Sorgen machen müssen, sind die großen Brocken. Um sie sehen zu können, braucht man Teleskope. Eines davon trägt den Namen WISE und befindet sich in einem Orbit um die Erde. Der «Wide-Field

Infrared Survey Explorer» wurde im Dezember 2009 ins All geschossen und durchsuchte den Himmel bis 2011 nach Sternen, Galaxien und Asteroiden.

In unserem Sonnensystem gibt es jede Menge Asteroiden zu entdecken. Ein paar Billionen umkreisen die Sonne. Aber nur die wenigsten können uns gefährlich werden. Die große Mehrheit der Felsbrocken zieht ihre Bahnen weit entfernt von der Erde und kommt uns nie nahe. Nur bei der kleinen Gruppe der «erdnahen Asteroiden» besteht theoretisch die Möglichkeit einer Kollision. Die Daten, die WISE uns geliefert hat, erlauben es erstmals, genaue Aussagen über ihre Zahl zu machen. So richtig gefährlich sind diejenigen erdnahen Asteroiden, die mehr als einen Kilometer durchmessen, sie können eine globale Katastrophe anrichten. Die Ergebnisse von WISE besagen, dass es von ihnen zwischen 962 und 1000 Stück gibt. Die gute Nachricht lautet: Mehr als 90 Prozent davon haben wir schon entdeckt, und wir wissen, dass sie uns in den nächsten Jahrzehnten und Jahrhunderten nicht zu nahe kommen werden. Wir kennen also schon die meisten der potenziell gefährlichen Objekte, und es werden immer mehr. Die Teleskope werden besser, und es fällt den Astronomen zunehmend leichter, die erdnahen Asteroiden zu finden.

Die Wahrscheinlichkeit, dass wir in naher Zukunft tatsächlich einmal einen großen Asteroiden auf Kollisionskurs finden, ist gering. Asteroideneinschläge finden zwar statt, jedoch sehr selten. Erdbeben, Vulkanausbrüche, Überschwemmungen und andere Naturkatastrophen sind allesamt sehr viel häufiger. Aber wenn uns trotzdem einmal eine Kollision bevorstehen sollte, dann ist es sehr wahrscheinlich, dass wir einige Jahre bis Jahrzehnte Zeit haben werden, uns auf sie vorzubereiten. Zeit, die ausreicht, um entsprechende Maßnahmen zu ergreifen. Um eine Kollision zu verhindern, braucht man den Asteroiden auch nicht in die Luft zu sprengen, wie das in Hollywoodfilmen gerne getan wird. Das wäre in der Realität auch viel schwerer zu bewerkstelligen als im Film. Zielführender ist es, einfach nur die Bahn des Asteroiden zu verändern. Macht man das früh genug, reicht schon eine kleine Änderung aus, um eine Kollision zu verhindern. Um die zu erreichen, gibt es verschiedene Methoden. Man kann einen Teil der Oberfläche des Asteroiden mit einem Laserstrahl verdampfen. Der Rückstoß, der entsteht, wenn das verdampfende Material ins All entweicht, kann die Bahn bereits ausreichend verändern. Es wäre auch möglich, ein schweres Projektil auf den Asteroiden zu schießen. Ein kleiner Schubs zum richtigen Zeitpunkt kann genügen, um ihn auf eine harmlose Bahn zu bringen. (So etwas wurde sogar schon getestet: Im Juli 2005 schoss die Raumsonde Deep Impact der NASA ein Projektil auf den Kometen Tempel 1 ab. Ziel war es, mehr über den inneren Aufbau des Himmelskörpers herauszufinden. Man maß aber auch eine kleine Veränderung der Bahn.) Es gibt viele Möglichkeiten, einen Himmelskörper auf Kollisionskurs abzulenken.[25] Im Gegensatz zu den Dinosauriern haben wir unser Schicksal selbst in der Hand.

Die vielen Augen der Astronomen

Wir müssen uns also vorerst keine Sorgen um Asteroideneinschläge machen und können unseren Spaziergang fortsetzen. Eines der Blumenbeete hinten im Park ist bei den Bienen be-

---

[25] Ich habe einige dieser Methoden ausführlich in meinem Buch «Krawumm! – Ein Plädoyer für den Weltuntergang» beschrieben.

sonders beliebt. Dutzende von ihnen fliegen von Blüte zu Blüte, und nachdem sie genug Pollen und Nektar gesammelt haben, kehren sie wieder in ihren Stock, irgendwo abseits der Wege, zurück. Sie haben kein Problem, den Weg zurück zum Bienenstock zu finden. Der Grund dafür ist eine spezielle Eigenschaft des Sonnenlichts. Wir Menschen können die Intensität einer Lichtquelle wahrnehmen und die Farbe des Lichts. Unsichtbar für uns enthält das Licht aber noch viel mehr Informationen. Die Fähigkeit der Bienen, sich zu orientieren, demonstriert, dass das Licht der Sonne – und aller anderen Sterne – viel mehr Informationen enthält, als wir Menschen wahrnehmen können. Denn Bienen sind in der Lage, die *Polarisation* des Sonnenlichts zu sehen.

Licht ist eine elektromagnetische Welle. Die Häufigkeit, mit der die Welle schwingt, bestimmt ihre Farbe. Blaues Licht schwingt öfter als rotes Licht. Von der Sonne erreicht uns Licht in allen Farben des Regenbogens, und diese Mischung erscheint uns weiß-gelblich.

Eine Lichtwelle hat aber neben der Geschwindigkeit, mit der sie schwingt, noch weitere Eigenschaften. Sie kann auch in verschiedene Richtungen schwingen. Das lässt sich leicht demonstrieren. Zum Beispiel an einem Seil, wie es hier im Park einige «Slackliner» zwischen zwei Bäumen aufgespannt haben und auf dem sie balancieren und dabei spektakuläre Sprünge und Kunststücke ausführen. Wir borgen uns das Seil kurz, sind allerdings nicht auf waghalsige Manöver aus, sondern entknoten eines seiner Enden und nehmen es in die Hand. Das andere Ende bleibt am Baum befestigt. Wenn wir die Hand nun regelmäßig auf und ab bewegen, beginnt das Seil zu schwingen. Die

Schwingung erfolgt dabei von oben nach unten, entlang der Richtung, in die das Seil aufgespannt ist. Eine Welle, die auf diese Art und Weise schwingt, nennt man «linear polarisiert». Wir können die Hand aber auch im Kreis bewegen. Jetzt wird das Seil ebenfalls zu schwingen beginnen. Diese spiralförmige Schwingung ist «zirkular polarisiert».

Das Licht, das wir in der freien Natur antreffen, ist im Allgemeinen nicht polarisiert. Alle Lichtwellen schwingen irgendwie, und alle möglichen Polarisationszustände sind vermischt. So kommt auch das Licht der Sonne zu uns. Sie strahlt nicht nur Licht in allen Farben aus, sondern auch Licht, das auf alle möglichen Arten polarisiert ist. Wenn dieses Licht aber irgendwo reflektiert wird, kann sich die Polarisation ändern! Denn nicht alle Schwingungsrichtungen werden gleich gut reflektiert. Betrachten wir eine Wasserfläche, auf die Sonnenlicht trifft. Die Lichtwellen schwingen dabei in alle möglichen Richtungen. Manche davon schwingen parallel zur Wasseroberfläche. Sie dringen tiefer in das Wasser ein und werden leichter absorbiert als Wellen, die senkrecht zur Wasseroberfläche schwingen (die wiederum leichter reflektiert werden). Reflektiertes Licht ist also polarisiertes Licht. Darum funktionieren auch Sonnenbrillen mit Polarisationsfilter so gut. Solche Filter blockieren das linear polarisierte Licht, und stark reflektierende Oberflächen erscheinen dunkler.

In unseren Augen befinden sich Lichtrezeptoren. Das sind Sinneszellen, die Licht registrieren können und ohne die wir nicht sehen könnten. Bei uns Menschen sind sie beweglich. Sie richten sich immer an der Schwingungsrichtung der Lichtwellen aus. Es ist also egal, wie das Licht polarisiert ist, wir sehen es immer gleich hell und können die Polarisierung daher nicht wahrnehmen.[26] Die Augen vieler Insekten sind anders aufgebaut. Bei ihnen sind die Lichtrezeptoren fixiert und können nur Lichtwellen wahrnehmen, die in bestimmte Richtungen schwingen. Hat ein Tier nun unterschiedlich ausgerichtete Rezeptoren in den Augen, dann sieht es die unterschiedlich polarisierten Wellen unterschiedlich hell. Bienen können genau das und nutzen es zur Orientierung. Denn das Sonnenlicht wird nicht nur an Wasseroberflächen reflektiert, sondern auch an den Luft-Molekülen in der Atmosphäre. Auch hier entsteht polarisiertes Licht, und auch hier spielt der Winkel eine Rolle, in dem das Sonnenlicht auftrifft. Dieser Winkel ändert sich aber im Laufe des Tages, da die Sonne zwischen Auf- und Untergang unterschiedlich hoch am Horizont steht. Damit ändert sich im Laufe eines Tages auch die Menge an polarisiertem Licht einer bestimmten Schwingungsrichtung. Bienen und andere Insekten können diese Veränderungen wahrnehmen und wissen so immer, wo sich die Sonne gerade am Firmament befindet. Das funktioniert auch, wenn es bewölkt ist, denn die polarisierten Lichtwellen sind ja trotzdem noch da. Darum finden Bienen immer den Weg zurück in ihren Bienenstock.

Die Bienen im Park zeigen uns, dass es noch viel mehr zu sehen gibt, als wir mit unseren Augen wahrnehmen können. Die Natur hat uns Menschen zwar nicht mit einem Sinn für polarisiertes Licht ausgestattet. Aber dafür mit einem leistungsstarken Gehirn, das es uns ermöglicht, diesen Mangel auszugleichen:

---

26 Nur unter speziellen Bedingungen und mit etwas Übung sind Menschen in der Lage, einen Effekt wahrzunehmen, der auf der Polarisation des Lichts beruht: das sogenannte Haidinger Büschel, eine blau-gelbe farbige Erscheinung, die entsteht, wenn linear polarisiertes Licht auf das Auge trifft und man den Kopf abrupt dreht.

Wir haben Polarisationsfilter gebaut, die wir vor unsere Augen, Kameras oder Teleskope setzen können. Damit sind auch wir in der Lage zu sehen, in welche Richtung das Licht schwingt. Im Gegensatz zu den Bienen nutzen wir diese Informationen aber nicht zur Orientierung.[27] Die Astronomen beobachten damit das, was zwischen den Sternen liegt!

Wie oben schon erwähnt, ist Sternenlicht normalerweise nicht polarisiert. Erst wenn es von etwas reflektiert wird, entsteht eine Polarisation. Das Licht der Sterne dringt trotz der großen Entfernungen meistens ungehindert bis zu unseren Teleskopen. Das Weltall ist zu leer, um große Hindernisse zu bieten. Es ist aber nicht völlig leer. Zwischen den Sternen befinden sich interstellare Wolken aus Gas und Staub. Hier wird das Licht der Sterne reflektiert und polarisiert. Eine Analyse der Polarisation erlaubt es den Astronomen, mehr über den Staub zwischen den Sternen herauszufinden. Auch Magnetfelder können Lichtwellen polarisieren. Jeder Stern besitzt ein eigenes Magnetfeld. Es spielt eine wichtige Rolle bei den Vorgängen im Inneren des Sterns und bestimmt, wie sich das Gas, aus dem er besteht, bewegt. Eine Untersuchung der Polarisation macht es also möglich, mehr über die Sterne selbst zu erfahren.

Wenn die Astronomen im Laufe der letzten Jahrhunderte eines gelernt haben, dann immer ausgefeiltere Techniken zu entwickeln, um dem Licht noch die letzten Informationen zu entlocken. Es bleibt ihnen ja auch keine andere Wahl. Ihnen

---

[27] Einige Archäologen vermuten allerdings, dass die Wikinger sogenannte Sonnensteine zur Navigation auf See benutzt haben. Dabei soll es sich um natürliche Kristalle gehandelt haben, die wie Polarisationsfilter gewirkt haben. So wie die Bienen konnten die Wikinger damit auch bei bewölktem Himmel die Position der Sonne herausfinden.

Die vielen Augen der Astronomen

steht nur das Licht zur Verfügung, um mehr über Sterne und andere Himmelskörper herauszufinden. Abgesehen von den wenigen Planeten unseres Sonnensystems, die von Raumsonden besucht wurden, werden wir den gigantischen Rest des Universums immer nur ansehen können. Die Bienen jedoch sind ein wunderbares Beispiel dafür, dass man vom Licht viel mehr lernen kann, als ein Blick durch unsere Augen vermuten lässt. Die Polarisation ist nur eine der Informationen, die noch in den Lichtwellen verborgen sind. Es gibt noch weitere, die die Bienen zu sehen in der Lage sind.

Schon im Schatten der Bäume haben wir über die unsichtbaren Anteile des Lichts nachgedacht. Die Blätter der Pflanzen absorbieren einen großen Teil des sichtbaren Lichts, den infraroten Anteil aber reflektieren sie zurück ins All und zeigen so, dass auf der Erde Leben existiert. Könnten wir infrarotes Licht mit unseren Augen sehen, so würden die Pflanzen hell leuchten! Wir sehen aber nur einen recht eng begrenzten Ausschnitt aus dem kompletten elektromagnetischen Spektrum: alle Farben des Regenbogens, von Blau über Grün und Gelb bis hin zu Rot. Lichtwellen aber, die schneller schwingen als blaues Licht beziehungsweise langsamer als rotes Licht, sind für uns unsichtbar. Für uns Menschen wohlgemerkt, die Bienen können auch noch das Licht sehen, das jenseits von Blau liegt. Das ist die ultraviolette Strahlung (UV-Strahlung), und für Bienenaugen leuchten die Blüten der Blumen in dieser für uns unsichtbaren Farbe.[28] Andere Tiere wie zum Beispiel manche Schlangen können das infrarote Licht sehen, das wir nur als Wärme spüren.

---

28 Dafür können Bienen die Farbe Rot nicht wahrnehmen.

Was Bienen und Schlangen von Natur aus können, mussten wir Menschen uns erst mühsam aneignen. Lange Zeit war die Astronomie auf das begrenzt, was die Augen sehen konnten. Jahrtausendelang beobachteten die Menschen den Himmel ohne optische Hilfsmittel. Erst zu Beginn des 17. Jahrhunderts benutzte Galileo Galilei eines der ersten Teleskope, um damit den Himmel zu betrachten. Dort sah er Dinge, die buchstäblich noch kein Mensch vor ihm gesehen hatte. Im Teleskop waren viel mehr Sterne zu sehen als mit dem bloßen Auge. In ihm war der dünne Nebel der Milchstraße, der sich in klaren Nächten über den Himmel zieht, plötzlich eine Ansammlung von Tausenden Sternen! Kleine und bis dahin völlig unbekannte Himmelskörper umkreisten den Planeten Jupiter. Galileis Zeitgenossen wollten zuerst gar nicht glauben, was da alles im Teleskop erschien. Erst langsam lernte man, dem neuen optischen Gerät zu vertrauen. Und das umso mehr, je größer die Teleskope wurden und je mehr man durch sie am Himmel entdecken konnte.

Es ist übrigens auch nicht der Zweck von Teleskopen, die Dinge zu vergrößern, sondern *mehr* Sterne sehen zu können. Die Sterne und Galaxien sind so weit entfernt, dass selbst die stärkste Vergrößerung nichts an ihrem Erscheinungsbild ändert. Sterne bleiben immer nur Punkte am Himmel. Unser Auge hat nur eine sehr kleine Öffnung, durch die Licht auf die Sehnerven fallen kann. Die Pupille ist nur ein paar Millimeter groß. Damit können wir nur wenig Licht sammeln und nur helle Lichtquellen am Himmel sehen. Vergrößert man aber die Fläche, auf die Lichtwellen treffen können, so werden auch schwächere Sterne sichtbar. Schon ein kleines Fernglas mit ein paar Zentimetern

Öffnung zeigt uns Tausende Sterne, die wir mit den Augen nicht wahrnehmen können. Die großen Teleskope der professionellen Astronomen haben bis zu 10 Meter große Spiegel, auf die Licht fallen kann. Damit können sie Sterne sehen, die vier Milliarden Mal schwächer leuchten als die Sterne, die wir mit bloßem Auge sehen können.

Teleskope sind sehr viel bessere Augen als unsere eigenen. Im Jahr 1800 fand der britische Astronom William Herschel aber heraus, dass wir nicht nur bessere Augen brauchen, wenn wir alles sehen wollen, was es zu sehen gibt, sondern auch andere Augen. Herschel untersuchte das Spektrum des Lichts. Schon mehr als 100 Jahre zuvor hatte Isaac Newton entdeckt, dass sich das weiße Sonnenlicht aus verschiedenen Farben zusammensetzt. Schickt man einen Lichtstrahl durch ein spezielles Stück Glas – ein Prisma –, dann kommt am anderen Ende ein Regenbogen heraus, in dem alle Farben des Lichts einzeln zu sehen sind. Herschel wollte nun herausfinden, wie die Energie über die verschiedenen Farben verteilt ist. Dazu maß er die Temperatur des farbigen Lichts. In jede Farbe platzierte er ein Thermometer. Tatsächlich stellte sich heraus, dass blaues Licht kühler war als rotes. Zum Vergleich legte er auch ein Thermometer in den Bereich hinter dem roten Licht. Dorthin, wo nichts mehr zu sehen war. Dementsprechend überrascht war Herschel dann auch, dass die Temperatur hier *noch* höher war. Er hatte die Infrarotstrahlung entdeckt. Seitdem wissen wir, dass die Sonne nicht nur sichtbares Licht zur Erde schickt, sondern auch solches, das wir nicht sehen können.

Der deutsche Physiker Johann Wilhelm Ritter zeigte ein Jahr darauf, dass das noch längst nicht alles ist. Er benutzte Silberchlorid-Papier, wie es früher bei der analogen Fotografie eingesetzt wurde. Licht, das auf dieses Papier fällt, färbt es schwarz. Ritter wollte untersuchen, ob die unterschiedlichen Farben das Papier unterschiedlich stark einfärben. So wie Herschel legte er zur Kontrolle auch Papier in den Bereich, in dem kein Licht mehr zu sehen war. Und so wie Herschel fand er dabei unsichtbares Licht. Diesmal am anderen Ende des Spektrums: Hinter dem Bereich des gerade noch sichtbaren blauen Lichts existiert Licht, das das Silberchlorid-Papier wesentlich stärker einfärben kann als das normale farbige Licht. Ritter nannte die neue Strahlungsart damals «de-oxidierende Strahlung»; wir kennen sie als «UV-Strahlung» beziehungsweise als ultraviolettes Licht.

Einige Jahrzehnte später war man in der Lage, das Verhalten des Lichts zu erklären. Ende des 19. Jahrhunderts kam der theoretische Physiker James Clerk Maxwell zu dem Schluss, dass Licht eine elektromagnetische Welle sein muss. Und er zeigte, dass diese Wellen mit allen möglichen Frequenzen schwingen können. Je öfter eine Welle schwingt, desto kürzer ist ihre Wellenlänge, also der Abstand zwischen zwei Punkten, an denen die Welle gerade nach oben (oder nach unten) schwingt. Blaues Licht hat eine kürzere Wellenlänge als rotes und schwingt daher auch schneller. Ultraviolettes Licht hat eine noch kürzere Wellenlänge als blaues Licht. Die Wellenlänge ist so kurz, dass die Lichtrezeptoren in unseren Augen sie nicht mehr registrieren können. Das Gleiche gilt für das infrarote Licht. Seine Wellenlänge ist länger als die des roten Lichts und zu lang, um noch von unseren Augen gesehen zu werden. Die Wellenlängen können aber noch viel größer oder kleiner werden.

Der deutsche Physiker Heinrich Hertz war 1880 der Erste, der nachweisen konnte, dass die elektromagnetischen Wellen tatsächlich existieren und Maxwells Theorie korrekt ist. Bei seinen

Versuchen erzeugte er auch Wellen, deren Wellenlänge viel länger war als die der Infrarotstrahlung. Diese Art der Wellen sind die «Radiowellen», mit denen Musik und Nachrichten in unser Radio übertragen werden. Sie sind nichts anderes als Licht, das wir nicht sehen können. Gleiches gilt für die Wellen, mit denen das Fernsehprogramm ausgestrahlt wird, die Funkwellen, die bei der Kommunikation verwendet werden, oder für die Mikrowellen, die in unserer Küche das Essen erwärmen: Sie alle sind Radiowellen verschiedener Wellenlänge; sie alle sind «Licht», das für unsere Augen unsichtbar ist. Die Mikrowelle in der Küche brummt ein bisschen, wenn wir sie einschalten, und das Essen darin dreht sich im Kreis. In Wahrheit ist das Gerät aber gerade erfüllt von für uns unsichtbarem «Mikrowellen-Licht», das die Speisen erwärmt[29]. Die Wellenlänge der Radiostrahlung reicht von einigen Millimetern bis zu Tausenden von Kilometern. Aber auch am anderen Ende des Spektrums entdeckten die Forscher der letzten Jahrhundertwende neue Strahlen. Die Wellenlängen des für unser Auge sichtbaren Lichts liegen im Bereich von einigen zehn Millionstel Metern. Die unsichtbare UV-Strahlung hat eine noch kürzere Wellenlänge. 1895 fand der deutsche Physiker Wilhelm Conrad Röntgen Strahlung, die auf noch kürzeren Längen schwingt. Dank dieser extrem kurzen Wellenlängen ist sie in der Lage, die meisten Materialien zu durchdringen. Diese Strahlung nennen wir Röntgenstrahlung,

---

29 Entdeckt hat das Prinzip der Ingenieur Percy Spencer, der in den 1940er Jahren an einem Radargerät bastelte, als er bemerkte, dass der Schokoriegel in seiner Tasche zu schmelzen begann. Die Mikrowellenstrahlung bringt die Wassermoleküle im Essen dazu, sich immer hin und her zu drehen (wegen seiner speziellen Eigenschaften probiert das Wassermolekül immer, sich genau in Richtung des elektromagnetischen Feldes auszurichten, die sich aber ständig ändert). Das erzeugt Reibung und damit Wärme.

und die meisten von uns haben schon einmal erlebt, wie Ärzte dank ihrer Hilfe unsere Körper durchleuchten können. Auch Röntgenstrahlung ist nichts anderes als für uns unsichtbares Licht. Noch kürzer sind die Wellenlängen der 1900 entdeckten «Gammastrahlung». Sie wird vor allem von radioaktiven Materialien abgegeben. Wegen ihrer kurzen Wellenlänge kann sie auch in die Zellen unseres Körpers eindringen und dort Schaden anrichten.

Dass die Sonne nicht nur Licht, sondern auch Infrarot- und Ultraviolettstrahlung abgibt, hatten schon Herschel und Ritter herausgefunden. Man entdeckte bald, dass die Sonne auch im Rest des kompletten Spektrums strahlt. Im Zweiten Weltkrieg setzte Großbritannien die neu entwickelte Radar-Technik ein, um deutsche Flugzeuge frühzeitig aufzuspüren. «Radar» steht für *«Radio Detection and Ranging»*. Dabei werden Radiowellen ausgesandt und von metallischen Objekten wie Flugzeugen reflektiert. Eine Analyse dieser Echos erlaubte es den Briten, die Position und die Geschwindigkeit der feindlichen Flugzeuge zu bestimmen. Dazu brauchten sie aber große Radioantennen, die die Signale auffangen konnten. Daran hinderten sie manchmal Signale von Störsendern, deren Einfluss u. a. James Stanley Hey, ein britischer Physiker, minimieren sollte. Stattdessen entdeckte er im Jahr 1942 eine ganz andere besonders hartnäckige Störquelle – die sich nicht als feindliche Sabotage herausstellte, sondern als unsere Sonne! Auch sie sendet Radiowellen aus.

Bei der Entdeckung der Röntgenstrahlung aus dem All spielte der Zweite Weltkrieg ebenfalls eine wichtige Rolle. Denn die Atmosphäre der Erde lässt nicht jede Strahlung bis auf den Erdboden durch. Licht, UV-Strahlung, Infrarotstrahlung und bestimmte Bereiche der Radiostrahlung können sie durchdringen. Der Rest wird reflektiert und bleibt draußen. Um diese Strahlung zu sehen, müssen wir selbst ins All gehen. Und die Technik dazu wurde erst während des Zweiten Weltkriegs entwickelt. Nach dem Ende des Krieges benutzten die Amerikaner einige der in Deutschland erbeuteten V2-Raketen, um damit das Weltall zu erforschen. Anstatt Sprengladungen in feindliche Länder zu transportieren, brachten die umgebauten Raketen nun Teleskope und Messgeräte möglichst weit hinauf in den Himmel und an die Grenze zum All. Mit so einer Rakete konnte man 1949 das erste Mal die Röntgenstrahlung messen, die von den Himmelskörpern im Weltraum stammt. Die kosmische Gammastrahlung schließlich wurde 1961 vom amerikanischen Satelliten «Explorer 11» entdeckt.

Heute besitzen die Astronomen ein umfangreiches Arsenal an Geräten. Sie haben Teleskope auf der Erde und im Weltall und können damit das komplette elektromagnetische Spektrum sehen. Wir haben die Bienen schon lange überholt. Mit unseren technischen Augen können wir all das Licht sehen, das die Sonne und die Sterne abstrahlen. Wir sind nicht mehr auf den kleinen Ausschnitt angewiesen, den unsere biologischen Augen wahrnehmen können, sondern sind in der Lage, alles zu sehen, was es zu sehen gibt. Und da ist noch jede Menge! Nicht nur tief draußen im All, sondern direkt vor unserer Nase. Es wird Zeit, unseren Spaziergang fortzusetzen.

Teil 3:
In der Bar

Vielleicht ist es an der Zeit, eine kleine Pause einzulegen. Wir sind schließlich ein ganz schönes Stück durch den Park spaziert, und während wir im Schatten der Bäume die Gedanken schweifen ließen, sind doch einige Stunden vergangen. Wir könnten also Erholung vertragen. Spazierengehen verbraucht Energie, und die kleine Bar an der Ecke ist der ideale Platz, um neue Kraft für weitere astronomische Wanderungen zu tanken. Setzen wir uns an einen der Tische und werfen wir einen Blick in die Speisekarte. Wenn wir genau hinsehen, finden wir auch dort jede Menge Astronomie. Die Karte sagt uns nicht nur, was wir in der Bar essen und trinken können. Sie erzählt uns auch von der Entstehung der Sterne, ihrem Tod und der Grundlage des Lebens auf dieser Erde.

Die Sonne in der Suppenschüssel

Zuerst bestellen wir aber etwas. Wir Menschen bekommen regelmäßig Hunger und Durst; ein Zeichen dafür, dass unser Körper neue Energie benötigt. Aber wo kommt die Energie in Nahrungsmitteln eigentlich her? Die Menge an Energie, die für den Körper verwertbar ist, kennen wir normalerweise als Kalorien. Fett, Zucker und andere Kohlenhydrate enthalten jede Menge davon, und je mehr wir davon zu uns nehmen, desto mehr Energie bekommt unser Körper. Die entsteht aber nicht einfach aus dem Nichts. Wo kommt sie also her?

Der Kellner hat gerade unser Essen gebracht. Eine Schüssel mit Eintopf, dazu selbstgebackenes Brot und ein Bier. Im Eintopf schwimmen verschiedene Gemüse- und Fleischsorten, Karotten, Sellerie, Rind und Schwein, um genau zu sein. Unsere Nahrung ist immer entweder pflanzlich oder tierisch.[30] Und wenn wir das Fleisch von Tieren essen, dann haben die sich zuvor selbst wieder von anderen Tieren oder Pflanzen ernährt. Am Anfang der Nahrungskette stehen also auf jeden Fall die Pflanzen. Und die haben vor einigen Milliarden Jahren einen ganz besonderen Trick gelernt. Vorhin im Park haben wir schon über die Photosynthese nachgedacht und über die Bäume, die das Licht der Sonne auf eine spezielle Art reflektieren und so das Signal ihrer Anwesenheit hinaus ins All schicken. Die Pflanzen reflektieren einen bestimmten Teil des Lichts, einen anderen Teil nehmen sie aber auch auf. Pflanzen sind in der Lage, die Energie, die im Licht steckt, in chemische Energie umzuwandeln. Aus Wasser und dem Kohlenstoffdioxid in der Luft erzeugen sie durch Photosynthese und mit Hilfe der Energie des Sonnenlichts Sauerstoff und Traubenzucker. Die Energie, die vorher im Licht der Sonne war, steckt nun im Zucker. Das Abfallprodukt dieses Prozesses ist der Sauerstoff.

---

30 Wenn wir von ein paar Ausnahmen wie Pilzen oder manchen Algen absehen, die weder Tiere noch Pflanzen sind, sondern eine eigene Gruppe von Lebewesen bilden.

Den gab es früher auf der Erde gar nicht. Die ersten Lebewesen – im wesentlichen Einzeller und andere simple Organismen –, die vor Milliarden von Jahren auf der Erde entstanden, kamen noch ohne Sauerstoff aus. Die Atmosphäre der Erde bestand damals aus Wasserdampf, mit ein wenig Kohlenstoffdioxid und Schwefelwasserstoff, später war dann Stickstoff die dominierende Komponente. Erst als vor etwa 2,3 Milliarden Jahren ein paar Algen und Bakterien den Trick mit der Photosynthese lernten und anfingen, Sauerstoff abzugeben, kam dieses für uns so enorm wichtige Gas in die Luft. Anfangs ging es noch langsam. Nach einer Milliarde Jahre bestand die Luft zu etwa drei Prozent aus Sauerstoff. Ein paar hundert Millionen Jahre später waren es schon mehr als zehn Prozent. Heute macht der Sauerstoff circa 20 Prozent der Erdatmosphäre aus. Ohne ihn könnten wir nicht leben. Für die frühen Lebewesen war er aber reines Gift. Ihr Organismus war nicht darauf eingestellt, mit diesem Element klarzukommen, und der Übergang zu einer sauerstoffreichen Atmosphäre verursachte ein gewaltiges Massensterben. All die Bakterien und Algen, die früher wunderbar ohne Sauerstoff auskamen, waren nun mit einem Gas konfrontiert, das giftig für sie war, und starben aus. Eine ganz neue Klasse von Lebewesen entwickelte sich. Für sie war der Sauerstoff kein Gift mehr, sondern Lebensgrundlage. Auch wir Menschen gehören natürlich dazu.

So wichtig der Sauerstoff für das Leben auf der Erde ist: Er alleine reicht nicht, um es zu ermöglichen. Das Leben braucht eine Energiequelle. Und für uns ist das die Sonne. Die Pflanzen sind in der Lage, das Sonnenlicht direkt in für sie verwertbare chemische Energie umzuwandeln (mit dem Sauerstoff als Abfallprodukt). Wir Menschen können das nicht. Wir müssen die

Pflanzen essen, um uns die Energie zunutze zu machen, die in ihnen steckt. Oder wir essen Tiere, die vorher Pflanzen gegessen haben. Am Anfang steht immer das Licht der Sonne und seine Energie. Unser Eintopf, unser Stück Brot, unser Glas Bier: All das ist nichts anderes als Sonnenenergie in einer Form, die unser Körper verwerten kann. Wenn wir jetzt also den verdienten Snack genießen und neue Kräfte tanken, verdanken wir unsere zurückgewonnene Energie der Sonne.

Die Zeit, während der wir unseren Eintopf löffeln, können wir aber noch nutzen, um eine Ecke weiterzudenken: Die Kalorien in unserem Essen stammen von der Sonne. Aber wo nimmt die eigentlich die Energie her?

Die Sonne ist ohne Zweifel das auffälligste Himmelsobjekt. Wenn sie auf- oder untergeht, können wir das nicht übersehen. Genauso wenig, wie wir übersehen können, dass sie Energie zur Erde liefert. Wenn die Sonne am Himmel steht, ist es hell und warm; in der Nacht ist es kalt und dunkel. Trotzdem haben die Menschen überraschend lange gebraucht, um die wahre Natur der Sonne zu verstehen. Früher war die Sache noch vergleichsweise einfach. Der Himmel war der Ort, an dem sich die Götter tummelten. Und die hellen Lichter, die man dort sehen konnte, waren Botschafter der Götter oder wurden oft sogar selbst vergöttert. Die Sonne, als hellstes und für die Menschen wichtigstes Himmelsobjekt, symbolisierte deswegen wenig überraschend in fast allen Kulturen eine der wichtigsten Gottheiten. Bei den alten Griechen war es Helios, bei den Römern Sol oder Apollo, bei den Ägyptern Ra und Aton, bei den Persern hieß der Sonnengott Mithras und bei den Japanern Amaterasu. Jede Kultur hatte einen oder mehrere Sonnengötter. Und weil die Götter die Menschen geschaffen hatten und sich um sie kümmerten, war es nur natürlich, dass sie auch für Licht und Wärme sorgten.

Irgendwann reichte den Menschen diese simple «Erklärung» aber nicht mehr. Als die moderne Wissenschaft vor vielen tausend Jahren im antiken Griechenland ihre ersten vorsichtigen Schritte machte, waren ihre Protagonisten Menschen, die sich nicht mehr mit den religiösen Dogmen zufriedengeben, sondern *wissen* wollten: z. B., was die Sonne wirklich ist. Einer davon war Anaxagoras, ein Philosoph und Schulleiter, der im Jahr 499 v. Chr. im heutigen Kleinasien geboren wurde. Er war der Erste, der probierte, die Vorgänge am Himmel mit dem zu erklären, was wir von der Erde her kennen. Wenn die Sonne Licht und Wärme abgab, dann nicht, weil sie irgendein Gott war. Sondern weil dort ein Feuer brannte, ein Vorgang, von dem auch damals bestens bekannt war, dass er Licht und Wärme erzeugt. Wozu also einen Gott als Erklärung für etwas heranziehen, das man problemlos mit schon längst bekannten Phänomenen erklären kann? Für Anaxagoras war die Sonne kein Gott, sondern ein riesiger, glühender Steinbrocken.

Natürlich gab es Probleme mit der Erklärung von Anaxagoras. Mehrere Probleme sogar. Das für ihn dringendste war vermutlich die Anklage wegen Gottlosigkeit mitsamt einer Verurteilung zum Tode, die ihm seine Theorie mit dem glühenden Stein einbrachte.

Heute können wir locker in der Bar sitzen und darüber nachdenken, wie die Sonne funktioniert und wo ihre Energie herkommt. Im antiken Griechenland waren solche Studien aber unerwünscht, weil sie mit der herrschenden religiösen Meinung in Konflikt gerieten. Einflussreiche Freunde konnten glücklicherweise noch erreichen, dass die Todesstrafe ausgesetzt wurde. Anaxagoras wurde nur verbannt und konnte noch ein paar Jahre weiterleben.[31]

Neben den persönlichen Problemen, die Anaxagoras dank seiner Forschungsarbeit hatte, gab es aber auch wissenschaftliche. Der Versuch, die Sonne durch irdische Phänomene zu erklären, ohne auf die Religion zurückzugreifen, war zwar revolutionär (und heute gilt Anaxagoras deswegen auch bei vielen als der erste echte Astrophysiker). Aber vor 2500 Jahren hatte Anaxagoras natürlich noch keine Chance, die wahre Natur der Sonne zu erkennen.

Das fiel auch den späteren Wissenschaftlern schwer. In den folgenden Jahrhunderten erkannten die Menschen, dass die Sterne, Planeten und auch die Sonne definitiv keine Götter waren, sondern ganz normale Himmelskörper. Aber was dort oben ablief, wussten sie nicht. Sie waren nicht einmal in der Lage herauszufinden, woraus diese Objekte bestanden. Auf der Erde gab es immerhin noch die Möglichkeit, Experimente durchzuführen. Man konnte die Dinge sezieren, in Stücke schneiden, zu Pulver zermahlen, sie verbrennen, vermischen und analysieren. Die mystisch geprägte Alchemie wandelte sich langsam zur wissenschaftlichen Chemie, und die Menschen lernten viel über den Aufbau der Materie. Sie fanden heraus, dass alles um uns herum aus verschiedenen, grundlegenden chemischen Elementen besteht. Manche Stoffe, wie zum Beispiel Holz, Stein oder Luft, konnte man durch diverse Experimente in unterschiedliche Bestandteile zerlegen. Andere Stoffe, wie zum Bei-

---

[31] Kurz vor seinem Tod wurde Anaxagoras nach seinen letzten Wünschen gefragt. Darauf soll der Schulleiter angeblich geantwortet haben: «Gebt den Jungen einen freien Tag ...»

spiel Eisen, Gold oder Silber, dagegen nicht. Sie waren elementar, sie waren die Elemente.

Das, was wir heute als Wissenschaft kennen, nahm seinen eigentlichen Anfang im 17. Jahrhundert. Forscher wie Galileo Galilei, Johannes Kepler oder Isaac Newton begannen, die Natur selbst zu untersuchen. Da, wo man sich früher auf die Lehre der Kirche und die Aussagen der antiken Philosophen verlassen hatte, gewannen die neuen «Naturphilosophen» ihre Erkenntnisse durch die Beobachtung der Natur und durch Experimente. Das Motto der 1662 in England gegründeten «Royal Society», einer der ältesten wissenschaftlichen Gemeinschaften der Welt, lautete «Nullis in Verba», «Auf niemandes Wort!». Das bedeutete, dass man nicht mehr gewillt war, irgendwelchen angeblichen Autoritäten zu vertrauen. Was irgendwer irgendwann und irgendwo gesagt oder geschrieben hatte, war unerheblich. Der einzige echte Weg, an verlässliches und objektives Wissen zu gelangen, war die konsequente Beobachtung der Natur. Der Erfolg dieser Methode gab den ersten Naturwissenschaftlern recht. In kurzer Zeit fanden sie mehr über die Welt, in der wir leben, heraus als all die Philosophen in den Jahrhunderten zuvor.

Galileo Galilei erkannte mit seinem neu entwickelten Teleskop, dass Himmelskörper wie Sonne oder Mond keine perfekten, göttlichen Objekte sind. Er entdeckte Flecken auf der Sonne, Krater und Berge auf dem Mond. Er machte Hunderte neue Sterne aus, die mit freiem Auge unsichtbar sind. Er fand Himmelskörper, die sich um den Planeten Jupiter bewegten, und wackelte so am kirchlichen Dogma, dass die Erde im Zentrum des Universums steht und alles sich um sie herumbewegen muss. Zur gleichen Zeit fand Johannes Kepler heraus, dass man die Bewegung der Himmelskörper viel genauer beschreiben konnte, wenn man tatsächlich davon ausging, dass sie und die Erde sich um die Sonne bewegen (siehe Seite 26 f., «Satellitenfernsehen: Die ganze Wahrheit»), und Isaac Newton war in der Lage, mathematisch genau zu erklären, wie die Himmelskörper einander gegenseitig beeinflussen. Aber trotz all dieses neuen Wissens, trotz all der revolutionären neuen Erkenntnisse schien es doch für immer unmöglich zu sein, die Zusammensetzung der Planeten, der Sterne und der Sonne zu erkennen.

Wie sollte das auch funktionieren? Die Sonne war weit entfernt. Man wusste damals zwar noch nicht, *wie* weit genau, aber es war mehr als deutlich, dass sie zu weit weg war, um sie jemals erreichen zu können. Die Himmelskörper befanden sich am Himmel und alles, was die Menschen tun konnten, war, sie zu betrachten. Wie sollte man auf diese Weise jemals herausfinden, aus was sie bestehen? Und wie sollte man ohne diese Information jemals herausfinden, woher die Sonne ihre Energie bezog? Zu Anaxagoras' Lebzeiten und in den Jahrhunderten danach konnte man vielleicht davon ausgehen, dass seine Vorstellungen richtig waren: Die Sonne war ein riesiges Feuer am Himmel. Und wenn man die Sonne als gigantische Kugel aus Holz oder Kohle verstand, konnte man mit einem Zeitraum von ein paar tausend Jahren rechnen, bis sie komplett verbrannt sein würde. In der Zeit, als die Bibel noch das Maß aller Dinge war (und das war sie bis vor ein paar hundert Jahren noch), konnte man mit so einer Lösung leben. Die Kirche erklärte daher auch, dass die Welt und das Universum selbst erst vor ein paar tausend Jahren von Gott geschaffen worden waren. Denn eine Sonne, die zu dieser Zeit zu existieren begonnen hatte, konnte in der Gegenwart noch immer brennen.

Die neuen Wissenschaftler wollten aber nicht mehr auf die Bibel alleine vertrauen, sondern beobachteten die Natur. Und dabei zeigte sich, dass die Erde viel älter sein musste als nur ein paar tausend Jahre. Es war natürlich schwer herauszufinden, wie alt die Erde wirklich ist. Das Rätsel wurde erst vor relativ kurzer Zeit gelöst.

Im 19. Jahrhundert stellte der britische Geologe Charles Lyell die These auf, dass die geologischen Vorgänge auf der Erde durch ganz normale und alltägliche Prozesse erklärt werden können. Wind und Regen können Stück für Stück ganze Gebirge abtragen. Wasser kann Stück für Stück gewaltige Schluchten in das Gestein graben. Aber es dauert. Sehr lange. Deutlich länger als die paar tausend Jahre, die die Theologen der Erde zugestanden. Auch Lyells Zeitgenosse Charles Darwin erklärte die Entstehung und Veränderung der verschiedenen Lebewesen auf der Erde durch kleine Änderungen, die im Laufe langer Zeiträume wirksam sind. 1864 probierte der Physiker William Thompson, das Alter der Erde konkret abzuschätzen. Er ging davon aus, dass sie früher einmal ein glutflüssiger Ball aus geschmolzenem Gestein gewesen war. Dann berechnete er, wie lange es hatte dauern müssen, bis sie auf die heutige Temperatur abgekühlt war. So kam er auf ein Alter, das irgendwo zwischen 20 und 400 Millionen Jahren lag. Damit geriet er nicht nur in Konflikt mit der kirchlichen Meinung, sondern auch mit Lyell und Darwin, deren Thesen eine viel ältere Erde forderten. Aber egal, ob die Erde nun ein paar Millionen oder Milliarden Jahre alt war, was die Sonne anging, half das nicht weiter. Die Erde konnte nicht älter als die Sonne sein. Wenn die Erde so enorm alt war, musste das auch für die Sonne gelten. Und niemand hatte eine Idee, wie sie so lange brennen konnte.

Es gab kein bekanntes Material, das dazu in der Lage war. Die Wärme und das Licht der Sonne konnten also nicht von einem normalen Feuer erzeugt werden. Dort oben musste irgendwas anderes passieren. Aber was? Man wusste eigentlich immer noch nicht mehr als Anaxagoras vor Jahrtausenden: Die Sonne steht am Himmel, sie leuchtet und sie ist warm. Die Ursache dafür war im 18. Jahrhundert immer noch genau so ein Rätsel wie im antiken Griechenland. Um die Sonne verstehen zu können, musste man erst mehr über die kleinsten Bausteine der Materie herausfinden.

So wie alle anderen Wissenschaften machte die Chemie seit dem 17. Jahrhundert jede Menge Fortschritte. Die Chemiker waren mittlerweile in der Lage, Stoffe in andere Stoffe umzuwandeln. Sie konnten neue Verbindungen und Materialien erzeugen. Auch Feuer ist so ein chemischer Prozess, bei dem ein Stoff – zum Beispiel Holz – in einen anderen Stoff (Asche, Kohle, Qualm etc.) umgewandelt wird. Aber egal, welches Material man mittels Verbrennung in ein anderes umwandelt: Keines davon kann lange genug brennen, um der Sonne als Material zu dienen. Man musste eine völlig neue Art der «Verbrennung» finden. Eine völlig neue Art, Stoffe in andere Stoffe umzuwandeln.

Schon in den vorangegangenen Jahrhunderten hatten die Alchemisten solche Prozesse untersucht. Das große Ziel der Alchemie war es, den «Stein der Weisen» zu finden: eine Methode, mit der man unedle Metalle wie zum Beispiel Blei in das edle Gold verwandeln konnte. Aber das erwies sich als unmöglich. Sowohl Blei als auch Gold waren grundlegende chemische Elemente. Sie konnten nicht in weitere Bestandteile zerlegt werden. Blei blieb immer Blei und Gold immer Gold. Kein noch so ausgeklügelter chemischer Prozess konnte ein Bleiatom in ein Goldatom umwandeln.

Anfang des 20. Jahrhunderts begann man langsam zu verstehen, warum es den Alchemisten und Chemikern unmöglich war, Elemente zu verwandeln. Die bisher für unteilbar gehaltenen Atome, die kleinsten Bausteine der Materie, stellten sich als doch nicht so unteilbar heraus. Sie bestanden aus verschiedenen Komponenten. Man kannte nun den Atomkern, der mehr oder weniger die gesamte Masse eines Atoms ausmachte und elektrisch positiv geladen war. Um den Atomkern herum befand sich eine Hülle aus sogenannten Elektronen. Das waren winzige, elektrisch negativ geladene Teilchen, die – so wie die Planeten um die Sonne – ständig um den Atomkern herumschwirrten.[32] Die einzelnen chemischen Elemente unterschieden sich durch das Gewicht des Atomkerns. Wollte man ein Element in ein anderes umwandeln, musste man also den Kern des Atoms schwerer oder leichter machen. Aber wie sollte das gehen? Die Chemie war nur in der Lage zu erklären, wie sich verschiedene Atome miteinander verbinden können und wie sie aufeinander reagieren. Aber wie man den Atomkern selbst verändern kann, wusste niemand. Naiv konnte man es sich damals vielleicht so vorstellen, dass man einfach nur zwei Atome aufeinanderschmeißt, um so ein neues, doppelt so schweres Atom zu erzeugen. Aber das ist nicht so simpel, wie es klingt. Die Atomkerne verschmelzen nicht so einfach. Denn außen

---

[32] So zumindest stellte man es sich damals vor. Heute wissen wir, dass dieses Bild falsch ist und erst die Quantenmechanik in der Lage ist, den Aufbau eines Atoms richtig zu erklären. Für die Überlegungen, die hier angestellt werden, ist das vereinfachte «Planetenmodell» des Atoms aber eine ausreichend verständliche Analogie.

herum gibt es ja immer noch die Hülle aus Elektronen, und aus Sicht eines Atoms ist es noch ein weiter Weg von der Hülle bis zum Kern.

Stellen wir uns vor, wir würden auf die Größe des Kerns eines Heliumatoms schrumpfen. Wir wären dann nur noch etwa 0,000000000000001 Meter groß. Wenn wir uns nun neben den Atomkern stellen, der jetzt ebenso groß ist wie wir, und uns auf den Weg hinaus zur Atomhülle machen, müssen wir ungefähr 220000 Schritte tun, um sie zu erreichen. In der echten Welt wäre das ein Spaziergang von knapp 180 Kilometern! Danach bräuchten wir wohl mehr als nur einen Teller Eintopf, um wieder zu Kräften zu kommen.

Wenn sich also zwei Atome treffen, treffen sich zuerst ihre beiden Elektronenhüllen. Die beiden Atomkerne selbst sind dann – zumindest aus Sicht der Atome – immer noch enorm weit voneinander entfernt. Was mit den beiden Atomen passiert, hängt also vor allem von den Elektronen ab. Die beiden Elektronenhüllen können sich auf verschiedene Art und Weise miteinander verbinden, und die Atomkerne hängen nun zusammen. Sie sind aber nicht miteinander verschmolzen und haben auch kein neues Atom gebildet, sondern nur einen Verbund aus zwei Atomen, ein sogenanntes Molekül.[33] Wasser ist zum Beispiel so ein Molekül, bei dem die Elektronenhüllen zweier Wasserstoffatome und eines Sauerstoffatoms zusammenhängen. Und obwohl sich ein Wassermolekül ganz anders verhält als einzelne Wasserstoff- oder Sauerstoffatome, besteht es doch immer noch aus ganz normalen Atomen. Das Wasserstoffatom im Wasser

---

33 Genau genommen werden nur Verbindungen aus nichtmetallischen Elementen als «Moleküle» bezeichnet.

unterscheidet sich nicht von anderen Wasserstoffatomen, Gleiches gilt für den Sauerstoff. Keines dieser Atome hat sich irgendwie «verwandelt», denn ihre Atomkerne sind immer noch die gleichen wie zuvor.

Erst als man herausfand, dass der Atomkern selbst kein unteilbares Objekt ist, sondern aus einzelnen Bestandteilen zusammengesetzt ist, begann man langsam zu verstehen, wie sich Atome umwandeln können. Bei näherer Betrachtung zeigte sich, dass ein Atomkern aus zwei verschiedenen Arten von Teilchen aufgebaut ist, die man «Protonen» und «Neutronen» nannte. Die Zahl der Protonen bestimmt, um welche Art von Element es sich handelt. Ein Sauerstoffatom hat immer acht Protonen. Sind es mehr oder weniger, dann es ist kein Sauerstoff mehr. Wenn nur sieben Protonen im Kern vorhanden sind, handelt es sich um ein Stickstoffatom. Sind es neun, hat man es mit dem Element Fluor zu tun. Gold ist viel schwerer und hat einen Atomkern mit 79 Protonen; beim Blei sind es 82. Als die Alchemisten also Blei in Gold verwandeln wollten, hätten sie irgendwie drei Protonen aus seinem Atomkern entfernen müssen.

Die Neutronen sind quasi das «Füllmaterial» der Atomkerne. Hier gibt es keine fixe Anzahl. Ein Sauerstoffatom kann zum Beispiel 7, 8, 9 oder 10 Neutronen im Kern haben. Meistens gibt es aber eine dominierende Variante, die besonders stabil ist und von der sich daher im Laufe der Zeit am meisten Atome angesammelt haben. Die restlichen, oft instabileren oder schwerer zu erzeugenden Varianten kommen nur sehr selten vor. Beim Sauerstoff macht zum Beispiel der Atomkern mit 8 Protonen und 8 Neutronen über 99 Prozent aller vorkommenden Atome aus. Da also insgesamt 16 Teilchen den Kern aufbauen, nennt man diese Art des Sauerstoffs auch «Sauerstoff-16». Ein Sauerstoffatom mit 8 Protonen und 10 Neutronen wird dementsprechend als «Sauerstoff-18» bezeichnet. Die verschiedenen Variationen eines Elements, die durch die unterschiedliche Anzahl der Neutronen erzeugt werden, nennt man «Isotope». Und wenn wir die Isotope verschiedener Stoffe betrachten, dann finden wir endlich einen Weg, wie man ein chemisches Element in ein anderes umwandeln kann. Dann finden wir endlich eine völlig neue Art des «Feuers»; eines Feuers, das viel heißer und länger brennen kann als alles, was die Menschen bisher kannten: die Radioaktivität!

Okay, Radioaktivität ist nicht unbedingt ein Thema, über das man nachdenken möchte, wenn man gerade beim Essen sitzt. Mit Radioaktivität verbinden wir normalerweise explodierende Kernkraftwerke, verstrahlten Atommüll und andere unangenehme und gefährliche Dinge. Aber die Radioaktivität ist eigentlich ein völlig natürliches Phänomen und auch nicht zwingend gefährlich. Das Wort beschreibt eine bestimmte Eigenschaft bestimmter chemischer Elemente. Nicht jeder Atomkern ist ständig stabil. Ist das Verhältnis zwischen Protonen und Neutronen nicht ausgewogen genug, kann der Kern zerfallen. Betrachten wir zum Beispiel Kohlenstoff. Dieses Element bildet die Grundlage des Lebens auf der Erde. Ein durchschnittlicher Mensch mit einem Gewicht von 70 Kilogramm besteht aus circa 40 Kilogramm Sauerstoff (der hauptsächlich als Bestandteil von Wasser auftritt). Gleich danach folgt schon der Kohlenstoff mit knapp 16 Kilogramm. Jedes Tier und jede Pflanze enthält Kohlenstoff. Wenn wir also unseren Eintopf löffeln, nehmen wir dabei selbstverständlich auch Kohlenstoff zu uns. Und ein Teil davon ist radioaktiv.

Ein ganz normales Kohlenstoffatom hat einen Kern, der aus sechs Protonen und sechs Neutronen besteht. Es handelt sich also um Kohlenstoff-12. Solche Atomkerne sind stabil und machen knapp 99 Prozent des gesamten Kohlenstoffs auf der Erde aus. Dann gibt es auch noch Kohlenstoff, der ein Neutron mehr hat. Dieser Kohlenstoff-13 ist selten – nur knapp ein Prozent aller Kohlenstoffatome hat solche Kerne, und die sind ebenfalls stabil. Und dann gibt es noch Kohlenstoff-14. Dieses Isotop hat einen Kern mit sechs Protonen und 8 Neutronen. Man findet es in äußerst geringen Mengen überall auf der Welt. Es tritt völlig natürlich auf, und es ist radioaktiv. Sein Atomkern ist instabil, er hat zu viele Neutronen. Resultat: Er zerfällt, und am Ende entsteht ein Kern mit einer anderen Anzahl an Protonen. Bei diesem Vorgang verwandelt sich also tatsächlich ein chemisches Element in ein anderes! Im Falle des Kohlenstoff-14 vergehen durchschnittlich 5730 Jahre, bis der Atomkern zerfällt und sich dann in Stickstoff verwandelt.

Diese Eigenschaft des Kohlenstoff-14 machen sich übrigens auch die Archäologen zunutze. Jedes Lebewesen enthält Kohlenstoff und damit auch immer ein klein wenig von seinem radioaktiven Isotop. Das zerfällt zwar im Laufe der Zeit, wir nehmen durch unsere Nahrung aber ständig neuen Kohlenstoff-14 auf. Erst wenn wir sterben, wird nichts mehr nachgeliefert, und die radioaktiven Kohlenstoffatome können zerfallen, ohne ersetzt zu werden. Finden Archäologen also einen alten Knochen, ein altes Stück Holz oder sonst irgendetwas aus organischem Material, dann können sie messen, wie viel Kohlenstoff-14 noch in ihm vorhanden ist, und so sein Alter bestimmen. Je älter das Fundstück, desto weniger Kohlenstoff-14.

Wir aber leben noch, und damit wir nicht verhungern, essen

wir am besten weiter. Ein Löffel unseres Eintopfs enthält unvorstellbar viele Kohlenstoffatome. Die meisten davon sind ganz normaler Kohlenstoff-12. Bei ein paar davon handelt es sich um Kohlenstoff-13. Aber jeder Löffel enthält auch einige Atome des radioaktiven Kohlenstoff-14. Wann immer wir Nahrung zu uns nehmen, essen wir also auch radioaktives Material! Davor muss man aber keine Angst haben. Die Mengen sind zu gering, um irgendeinen Schaden anzurichten. Der Körper nimmt nur Schaden, wenn die radioaktive Strahlung ein gewisses Maß überschreitet. Eventuelle kleinere Schäden kann er problemlos selbst reparieren. Das muss er auch können, denn die ganze Welt ist – ein klein wenig – radioaktiv. Nicht nur Kohlenstoff hat radioaktive Isotope, auch viele andere chemische Elemente existieren in instabilen Varianten, die im Laufe der Zeit zerfallen. Manche davon – wie zum Beispiel das Radium – sind sogar *immer* radioaktiv.

Das, was die Alchemisten jahrhundertelang erfolglos versucht haben, läuft in der Natur ständig ganz von alleine ab: Chemische Elemente wandeln sich ineinander um. Doch das ist nicht alles. Wir sind ja nicht auf der Suche nach dem Stein der Weisen und wollen kein Blei in Gold verwandeln.[34] Wir wollen wissen, wo die Kalorien in unserem Eintopf herkommen, und müssen dafür herausfinden, wie die Sonne ihre Energie erzeugt. Und wir sind der Lösung des Rätsels jetzt schon ganz nahe! Denn wenn sich ein Atomkern in einen anderen umwandelt, dann wird dabei Energie frei.

---

[34] In modernen Teilchenbeschleunigern sind die Physiker heute übrigens tatsächlich in der Lage, andere Elemente in Gold umzuwandeln. Allerdings nur Atom für Atom und in so geringen Mengen, dass man damit nicht reich werden kann ...

Das ist nicht so überraschend, wie es vielleicht klingt. Anfang des 20. Jahrhunderts stellte der Physiker Albert Einstein das damalige wissenschaftliche Weltbild völlig auf den Kopf. Mit seiner «Relativitätstheorie» (die wir auf unserem Spaziergang noch besser kennenlernen werden) zeigte er, dass die Welt in Wahrheit um einiges seltsamer ist, als sie uns zunächst erscheint. Die Details der Relativitätstheorie kennen nur wenige Menschen. Aber so gut wie jeder kennt Albert Einsteins berühmteste Formel $E = mc^2$. Diese simple Gleichung besagt, dass Energie und Masse nur zwei Seiten derselben Medaille sind. Energie kann in Masse umgewandelt werden und Masse in Energie.

Es braucht Energie, um die Protonen und Neutronen in einem Atomkern zusammenzuhalten. Wenn nun ein radioaktiver Kern zerfällt, wird dabei ein wenig dieser Bindungsenergie frei. Das ist das Prinzip der Kernspaltung. Schwere Atomkerne werden gespalten und in weniger schwere Kerne umgewandelt. Die freiwerdende Energie kann dann entweder unkontrolliert und destruktiv genutzt werden, zum Beispiel in Form einer Atombombe. Oder man kontrolliert die Kernspaltung und setzt die Energie langsam frei, wie das in Atomkraftwerken passiert.

Es geht aber auch andersherum. Man kann auch aus leichteren Kernen ein schwereres Atom aufbauen. Ein Atomkern ist immer ein klein wenig leichter als die Summe seiner Bestandteile. Man könnte meinen, ein Kern aus einem Proton und einem Neutron würde genauso viel wiegen wie die Summe der Masse eines Protons und eines Neutrons. Doch es ist Energie nötig, um die beiden Teilchen zusammenzuhalten, und darum muss ein klein wenig der Gesamtmasse in Energie umgewandelt werden. Je mehr Bestandteile ein Kern hat, desto mehr Energie muss man dafür aufwenden und desto größer ist dieser sogenannte Massendefekt. Wenn man nun aus mehreren leichten Atomkernen mit wenigen Bausteinen und einem geringen Massendefekt ein einziges schwereres Atom mit einem größeren Massendefekt zusammenbaut, dann bleibt am Ende ein wenig überschüssige Energie übrig. Das ist das Prinzip der Kernfusion.

Wenn Atomkerne in andere Atomkerne umgewandelt werden können, dann entsteht dabei also Energie. Egal, ob es sich um Kernspaltung oder Kernfusion handelt: Wir haben eine ganz neue Art des «Feuers» gefunden. Aber ist es auch tatsächlich das, was in der Sonne passiert? Um das zu klären, müssen wir herausfinden, woraus sie besteht.

1835 schrieb der französische Philosoph Auguste Comte in der «Rede über den Geist des Positivismus» über die Sterne:

«Wir haben die Möglichkeit, ihre Formen, Entfernungen, Größen und Bewegungen zu bestimmen, während wir niemals durch irgendein Mittel ihre chemische Zusammensetzung [bestimmen können].»

Man kann ihm diese Aussage eigentlich kaum übelnehmen. Auch in den stärksten Teleskopen sind die Sterne nicht mehr als helle Lichtpunkte; heute genauso wie damals im Jahr 1835. Sie sind einfach viel zu weit weg. Und wie soll man herausfinden, wie ein Stern aufgebaut ist, wenn man nur einen hellen Lichtpunkt sehen kann? Nach Comtes desillusioniertem Ausspruch sollte es jedoch nur 24 Jahre dauern, bis zwei deutsche Wissenschaftler der Welt zeigten, wie sehr sich Comte geirrt hatte. 1859 entwickelten Gustav Kirchhoff und Robert Bunsen die «Spektroskopie». Sie entwickelten ein vollkommen neues Verständnis des Lichts.

Schon früher hatte man gelernt, dass man Licht in seine einzelnen Bestandteile aufspalten kann, wenn man es durch ein spezielles Stück Glas, ein «Prisma», schickt. Ein weißer Lichtstrahl, der durch ein Prisma scheint, tritt am anderen Ende als farbiger Regenbogen wieder aus. Die unterschiedlich farbigen Anteile des Lichts, die sich normalerweise zu weißem Licht vermischen, werden durch das Prisma unterschiedlich stark abgelenkt, sodass sie getrennt voneinander aus ihm austreten. Wenn wir uns Licht als Welle vorstellen, hat rotes Licht eine größere Wellenlänge als gelbes. Dahinter folgt grünes, dann blaues Licht. Je kürzer die Wellenlänge, desto stärker wird das Licht im Prisma abgelenkt. Übrigens nicht nur im Prisma. Genau das Gleiche passiert auch, wenn Sonnenlicht unter einem bestimmten Winkel auf Regentropfen trifft. Auch hier wird es in seine farbigen Bestandteile aufgespalten, und es entsteht ein bunter Regenbogen. Und da das rote Licht weniger stark abgelenkt wird als das grüne und das wiederum weniger stark als das blaue, findet man auf der einen Seite des Bogens rotes Licht, grün in der Mitte und am Ende den blauen Streifen.

Dieses Verhalten des Lichts war schon seit dem 17. Jahrhundert bekannt, als Isaac Newton die ersten Experimente dieser Art durchführte. Später entdeckte man aber noch etwas anderes. Im Regenbogen hinter dem Prisma sah man nicht nur bunte Farben, sondern auch dunkle Linien. Manche waren dicker, manche dünner, mal gab es große Abstände zwischen ihnen, dann wieder lagen sie enger beieinander. Aber was sie wirklich zu bedeuten hatten, wusste man nicht. Das erkannten erst Kirchhoff und Bunsen.

Wie wir hatten auch die beiden Forscher schon ein wenig über die Struktur eines Atoms nachgedacht. Neben dem Atomkern, der unter Umständen zerfallen kann, gibt es da noch die Hülle aus Elektronen. Wir haben gesehen, wie enorm winzig der Atomkern im Vergleich zur Hülle ist. Wenn ein Lichtstrahl auf ein Atom trifft, begegnet er zuerst und vor allem der Hülle aus Elektronen. Die Elektronen können nun einen Teil des Lichts absorbieren. Welcher Teil das ist, hängt davon ab, wie genau die Elektronen in der Hülle angeordnet sind. Das ist bei jedem chemischen Element anders, und daher absorbiert jedes Element auch einen anderen Teil des Lichts. Das Licht, das absorbiert wird, fehlt, wenn man es im Prisma aufspaltet. Was bleibt, ist eine Anordnung dunkler Linien. Jedes chemische Element erzeugt eine charakteristische Serie von Linien, die so eindeutig ist wie ein Fingerabdruck. Man kann die Linien im Labor künstlich erzeugen, vermessen und dann mit den Linien vergleichen, die man im Licht der Sterne findet – und damit bestimmen, aus welchen Elementen sich die Sterne zusammensetzen!

Das Problem war also gelöst. Die Wissenschaftler hatten tatsächlich herausgefunden, wie man die Zusammensetzung der Sterne bestimmt. Und das aus ein paar Billiarden Kilometer Entfernung, nur durch einen Blick ins Teleskop. Die Sterne, so stellte sich heraus, waren gigantische Kugeln aus Gas, die vor allem aus Wasserstoff bestehen. Das ist das leichteste aller Elemente, sein Atomkern besteht aus nur einem einzigen Proton, und in der Hülle befindet sich nur ein einziges Elektron. Ein typischer Stern wie unsere Sonne besteht zu drei Vierteln aus Wasserstoff. Das restliche Viertel ist Helium, das zweitleichteste der Elemente. Dazu kommen noch geringe Menge verschiedener anderer Elemente.

Wasserstoff eignet sich äußerst gut für die Kernfusion. Ein Wasserstoffkern hat ein Proton, ein Heliumkern zwei. Aus zwei

Wasserstoffatomen kann man also ein Heliumatom bauen und dabei Energie erzeugen. Das klappt aber nur, wenn es heiß genug ist und die Atomkerne so richtig schnell herumsausen. Erst dann prallen sie mit ausreichend Wucht aufeinander, damit zwei Kerne zu einem neuen Kern fusionieren können. Ein normales Feuer ist dafür viel zu kalt. Die Sonne ist nun aber so enorm groß und ihre gesamte Masse drückt mit solcher Kraft auf ihr Inneres, dass dort Temperaturen von 15 Millionen Grad herrschen!

Das Feuer, das in der Sonne brennt, ist also tatsächlich außergewöhnlich. Bei Temperaturen von Millionen von Grad werden Wasserstoffkerne in Heliumkerne umgewandelt. Dabei entsteht Energie – die übrigens nicht sofort ins All abgegeben wird. Die Kernfusion findet ja tief im Inneren der Sonne statt, nur hier ist der Druck und damit die Temperatur groß genug. Das hochenergetische Licht, das dort erzeugt wird, muss sich erst durch die knapp 700 000 Kilometer dicke Gasschicht bis ins Weltall kämpfen. Dabei stoßen die Lichtteilchen immer wieder mit Atomkernen und Elektronen zusammen und werden abgelenkt. Es dauert einige Zehntausend Jahre, bis so ein Lichtteilchen die Sonne verlassen hat und sich auf den Weg zur Erde machen kann. Im leeren All kommt es schneller voran und ist nach nur acht Minuten (in denen es sich mit einer Geschwindigkeit von knapp 300 000 Kilometern pro Sekunde bewegt) auf unserem Planeten angelangt. Dort kann es dann auf das Blatt einer Pflanze treffen und zur Grundlage der Nahrungskette werden.

Der Prozess, der die Kalorien in unserem Eintopf schuf, hat also schon vor mehr als zehntausend Jahren begonnen; tief im Inneren einer 150 Millionen Kilometer entfernten gigantischen Kugel aus Wasserstoff, in der Atome miteinander kollidieren und dabei Energie erzeugen. Essen wir also den Rest des Eintopfs entsprechend beeindruckt – immerhin steckt in jedem Löffel die Energie der Sterne!

Alles kommt von den Sternen

Nach all den Geschichten über Atome, Radioaktivität und das Innere der Sterne haben wir uns einen Cocktail verdient.

Nach dem Bier zum Eintopf ist ein Caipirinha zum Entspannen perfekt. Und so wie unser Eintopf enthält auch der viel mehr, als man auf den ersten Blick erkennen kann. Sieht man von diversen Geschmacksstoffen ab, besteht er wie jeder typische Cocktail aus Wasser und Alkohol. Über das Wasser haben wir uns schon vorhin im Park Gedanken gemacht. Wir wissen, dass es zum größten Teil aus dem Weltall stammt. Asteroiden und Kometen haben es vor Milliarden Jahren auf die Erde gebracht. Und wie steht es mit dem Alkohol? Alkohol, oder «Ethanol», wie die Chemiker offiziell dazu sagen, ist ein Molekül, das aus sechs Wasserstoffatomen, zwei Kohlenstoffatomen und einem Sauerstoffatom besteht. Wo kommen die eigentlich alle her?

Der Wasserstoff war schon immer da. Fast jedenfalls; er entstand kurz nach dem Urknall, und wir werden später noch mehr von ihm hören. Wasserstoff war aber auch so gut wie alles, was es nach dem Urknall gab. Wasserstoff, ein wenig Helium und eine winzige Menge des Elements Lithium: Mehr hatte der Big Bang nicht hervorgebracht. All die übrigen Elemente, darunter auch Sauerstoff und Kohlenstoff, mussten erst geschaffen werden. Und die Fabriken, in denen dies passierte, waren die Sterne! Wie ein Stern entsteht, wissen wir ja bereits: Die großen Wolken aus Wasserstoff und Helium, die das junge Universum durchzogen, begannen irgendwann unter ihrem eigenen Gewicht zu kollabieren. Die Wolken wurden immer dichter, und durch den großen Druck der Gasmassen wurde es in ihrem Inneren immer heißer. Irgendwann war es heiß genug für die Kernfusion. Wasserstoff fusionierte zu Helium, genau so, wie es auch heute in unserer Sonne passiert. Die nach außen dringende Strahlung der Kernfusion wirkte der Gravitationskraft der Gasschichten entgegen, und die Wolke hörte auf, in sich zusammenzufallen. Sie war nun eine stabile Kugel aus Gas geworden, in deren Innerem Energie erzeugt wurde. Die ersten Sterne waren geboren.

Irgendwann aber war der Wasserstoff aufgebraucht und im Kern nur noch Helium zu finden. Die Kernfusion kam zum Erliegen, die nach außen dringende Strahlung wurde immer schwächer und konnte der Gravitationskraft nichts mehr entgegensetzen. Der Stern begann, in sich zusammenzufallen. Dadurch stieg der Druck in seinem Inneren. Dort war es nun heißer als je zuvor. Die Temperaturen stiegen so weit, dass auch die Heliumatome schnell genug wurden, um miteinander fusionieren zu können. Anstatt Wasserstoff «verbrannte» der Stern nun Helium. Und das Produkt dieser neuen Art der Kernfusion war ein Element, das das Universum bisher nicht gesehen hatte: Kohlenstoff!

So begannen die ersten Sterne im Universum, neue Elemente zu erzeugen. Kohlenstoff war dabei nur der Anfang. Der nun in den Sternen vorhandene Kohlenstoff konnte selbst wieder mit Helium fusionieren und dabei ein weiteres neues Element erzeugen: Sauerstoff. Am Ende ihres Lebens hatten die ersten Sterne also schon alle Zutaten erzeugt, die wir für unseren Cocktail brauchen. Aber die Welt besteht aus so viel mehr Elementen. Das Glas, aus dem wir unser Getränk trinken, besteht zu einem großen Teil aus Silizium. Im Salzstreuer auf dem Tisch befindet sich Salz, ein Kristall, das aus den Elementen Natrium und Chlor besteht. Die Schrauben des Tisches, an dem wir sitzen, sind aus Eisen. Das Licht in der Bar kommt aus Leuchtstoffröhren, in denen sich Neon-Gas befindet. Unsere Knochen enthalten Calcium, unsere DNA enthält Phosphor und unsere Zähne Fluor. Und es gibt noch Dutzende weitere Elemente, aus denen unser Körper und die Welt um uns herum aufgebaut sind. Sie alle wurden, Stück für Stück, im Inneren von Sternen erschaffen.

Sterne können nicht nur Helium, Kohlenstoff und Sauerstoff erzeugen. Es können auch noch schwerere Atomkerne in ihnen fusionieren, wenn es denn heiß genug ist. Unsere Sonne steht derzeit noch mitten im Leben. Sie ist 4,5 Milliarden Jahre alt und hat mindestens noch mal 5 Milliarden Jahre vor sich. Zurzeit ist sie noch in der Phase, in der sie Wasserstoff zu Helium fusioniert. Wenn sie am Ende ihres Lebens angelangt ist, wird sie Helium zu Kohlenstoff und Sauerstoff verbrennen.

Bei dieser Fusion wird mehr Energie frei als bei der Fusion von Wasserstoff. Die nach außen dringende Strahlung ist stärker als die Gravitationskraft, und die Sonne wird sich ausdehnen. Unser gemütlicher Stern wird ein gigantischer «Roter Riese» werden, so groß, dass er bis zur Bahn der Erde reicht und sie vielleicht sogar ganz verschluckt. Die Strahlung des Sterns wird so stark, dass er seine äußeren Schichten im Laufe der nächsten Millionen Jahre regelrecht ins All pustet. Am Ende bleibt vom Roten Riesen nur noch eine vergleichsweise kleine Kugel übrig; in etwa so groß wie die Erde. Dieser «Weiße Zwerg» tut dann nicht mehr viel und verbringt die restlichen Jahrmilliarden bis zum Ende des Universums damit, langsam auszukühlen.

Sterne, die schwerer sind als unsere Sonne, haben aber noch

ein paar Tricks auf Lager. Wenn das ganze Helium verbrannt ist, beginnen auch sie damit, wieder in sich zusammenzufallen. Weil sie aber größer sind und deswegen mehr Gas auf das Zentrum drücken kann, wird es dort irgendwann so heiß, dass eine weitere Stufe der Kernfusion einsetzen kann. Jetzt werden die Kohlenstoffatome fusioniert, und es entstehen Neon und Magnesium. Dieses Spiel setzt sich immer weiter fort. Der Stern fusioniert in seinem Inneren ein chemisches Element und erzeugt ein anderes. Irgendwann ist das Brennmaterial aufgebraucht, und die Kernfusion setzt aus. Der Stern kollabiert, und sein Inneres wird heiß genug, um auch diese neuen Elemente zu fusionieren. Auch diese Fusion endet, der Stern kollabiert erneut, und alles geht wieder von vorne los. So kann ein Stern der Reihe nach immer schwerere Elemente erzeugen. Wie weit er dabei kommt, hängt nur von seiner Masse ab. Je schwerer er ist, desto heißer kann er brennen. Irgendwann ist aber definitiv Schluss. Wenn der Stern bei seiner Verbrennung Eisen erzeugt, geht es nicht mehr weiter. Eisen kann nicht mehr fusioniert werden. Denn würde man zwei Eisenatome zusammenbringen wollen, um ein neues Atom zu schaffen, so würde dabei keine Energie entstehen – man müsste zusätzlich Energie hineinstecken, damit es klappt.

Bei Eisen ist also das Ende der Fahnenstange erreicht, und das auf dramatische Art und Weise. Weil die Kernfusion jetzt unwiderruflich zu Ende ist, kann nichts mehr der Gravitationskraft entgegenwirken. Der Stern fällt in sich zusammen, immer weiter, so lange, bis die Atome so eng aneinandergedrückt sind, wie es nur geht. Dann wird der Kollaps abrupt gestoppt. Das hat katastrophale Folgen, denn die ganze Energie kann nicht plötzlich verschwinden. Es kommt zu einer gewaltigen Explosion, einer sogenannten Supernova. Jetzt hat der Stern seinen Lebenszyklus definitiv beendet. All die Elemente, die er im Laufe seines Lebens erzeugt hat, werden weit hinaus ins All geschleudert. In diesen letzten Momenten schafft es der Stern dann doch noch, die wenigen Elemente zu erzeugen, die schwerer sind als Eisen. Die Supernova hat so viel Energie, um nun auch schwere Elemente wie Blei, Gold oder Platin zu erzeugen.

Wir alle – und die Welt um uns herum – sind also im wahrsten Sinne des Wortes Sternenstaub. Die Atome, aus denen wir bestehen, haben im Inneren von Sternen gebrannt und wurden bei gewaltigen Explosionen ins All hinausgeschleudert. Und in unserem Cocktailglas befinden sich nicht nur die Überreste uralter Kometen und Asteroiden, sondern auch die Asche der Sterne. Prost!

Trinken wir also genüsslich unseren Kometen im Cocktailglas und wenden wir uns einem anderen Thema zu. Im Fernseher über der Theke der Bar wird gerade ein Fußballspiel übertragen. Es ist ein Spiel der Europa League: FC Kopenhagen gegen Hannover 96. Die beiden Mannschaften spielen also in einer Stadt, die weiter nördlich liegt als die, in der wir uns befinden. Und während bei uns gerade die Dämmerung hereinbricht, ist es dort noch hell. Wieso wird es im Norden im Sommer eigentlich immer später dunkel als im Süden?

Dämmerung ist Ansichtssache

Dass die Sonne an unterschiedlichen Orten der Erde zu unterschiedlichen Zeiten auf- und untergeht, ist erst mal nicht weiter überraschend. Wir wissen, dass die Erde sich um ihre Achse dreht und dass immer nur eine Hälfte von der Sonne beleuchtet wird. Dort, wo sich ein Ort gerade von der dunklen in die

helle Seite dreht, geht die Sonne auf, wo er sich von der hellen in die dunkle Seite dreht, geht sie unter. Die Erde dreht sich in Richtung Osten. An einem weiter östlich gelegenen Ort wird die Sonne also immer früher untergehen als an einem Ort, der sich weiter westlich befindet.

Vergleichen wir zum Beispiel Wien und das westlicher gelegene Genf. Anfang Juli geht in Wien die Sonne ungefähr um 21 Uhr unter. Das bedeutet, dass sich Wien aufgrund der Erdrotation um 21 Uhr aus dem Sonnenlicht gedreht hat und sich nun auf der Nachtseite der Erde befindet. Genf dagegen befindet sich etwa 800 Kilometer weiter westlich.

Die Erde muss sich noch ein kleines Stückchen drehen, bevor sich auch die Stadt in der Schweiz nicht mehr im Sonnenlicht befindet. Deswegen geht die Sonne dort erst eine knappe halbe Stunde später unter.

Wie gesagt: Das ist keine große Überraschung, sondern eine direkte Folge der Erdrotation. Woher kommen aber die unterschiedlichen Sonnenauf- und -untergangszeiten in Nord-Süd-Richtung? Innsbruck in Tirol liegt westlich von Wien und östlich von Genf; ungefähr in der Mitte dieser beiden Städte. Der Zeitpunkt des Sonnenuntergangs dort liegt dementsprechend ebenfalls in der Mitte; in Innsbruck geht sie Anfang Juli um 21:15 Uhr unter. Aber wenn wir uns von Innsbruck nach Norden begeben, sieht die Sache anders aus. Hamburg liegt knapp 700 Kilometer nördlich von Innsbruck, in Ost-West-Richtung ist die Stadt im Norden Deutschlands allerdings ungefähr genauso weit von Wien oder Genf entfernt wie Innsbruck selbst. Trotzdem geht die Sonne dort Anfang Juli erst um 22 Uhr unter!

Wenn sich Hamburg genauso weit westlich von Wien beziehungsweise östlich von Genf befindet wie Innsbruck, müsste sich die Stadt nicht genau zum gleichen Zeitpunkt aus dem Sonnenlicht herausdrehen?

Ja, müsste sie – allerdings nur, wenn die Erdachse genau senkrecht auf der Erdbahn stehen würde. Das ist aber nicht der Fall, wie wir bereits festgestellt haben, als wir im Park über die Entstehung der Jahreszeiten nachgedacht haben. Wenn wir uns die Bahn, entlang derer sich die Erde um die Sonne bewegt, als «Boden» vorstellen und die Erde als Kreisel, dann steht der Erdkreisel nicht exakt senkrecht, sondern ist um 23,5 Grad aus der Vertikalen geneigt. Das ändert die Sache grundlegend und hat großen Einfluss auf die Auf- und Untergangszeiten. Die Erdachse bleibt immer im gleichen Winkel geneigt.[35] Stellen wir uns die Achse als Pfeil vor, den jemand durch die Erde geschossen hat. Der Pfeil drang beim Südpol in die Erde ein, ging glatt durch ihr Zentrum durch und trat beim Nordpol wieder aus. Stellen wir uns weiter vor, die Erde würde sich entlang des Ziffernblatts einer großen Uhr bewegen. In der Mitte der Uhr, dort, wo normalerweise die Zeiger befestigt sind, befindet sich die Sonne. Das Ziffernblatt liegt in der Ebene der Erdbahn, und die Erde steht momentan genau auf der «3», also rechts von der Sonne. Wir erinnern uns: Die Erdachse, und damit auch der Pfeil, ist geneigt. Wäre das nicht so, würde die Spitze des Pfeils immer genau nach oben zeigen, egal wo sich die Erde auf ihrer Bahn um die Sonne befindet. Die Achse ist aber geneigt, der Pfeil zeigt also von der «3» nicht nach oben, sondern in diesem Fall nach rechts. Der Nordpol neigt sich also von der Sonne weg.

---

35 Es gibt im Laufe der Zeit zwar tatsächlich winzige Änderungen in der Neigung der Erdachse, die zum Beispiel durch die Anziehungskraft des Mondes verursacht werden – für unsere Überlegungen spielt das aber keine Rolle.

Nun schauen wir, was passiert, wenn die Erde sich im Laufe eines Jahres um die Sonne herumbewegt. Das tut sie übrigens *gegen den Uhrzeigersinn*. Wenn sie also momentan auf der «3» unserer Uhr steht, dann wird sie sich danach zur «2» bewegen, dann zur «1» und dann zur «12». Jetzt hat sie ein Viertel des kompletten Weges um die Sonne zurückgelegt; es ist also ein Vierteljahr, es sind drei Monate vergangen. Die Erde steht auf der «12» und die Spitze des Pfeils zeigt immer noch nach rechts, nun aber weder von der Sonne weg noch zur Sonne hin; die Erde steht ja nun «hinter» der Sonne. Wieder drei Monate später ist die Erde über die «11» und die «10» auf unserer Uhr gewandert und steht genau über der «9», also links von der Sonne. Der Pfeil zeigt immer noch nach rechts. Das bedeutet, dass er nun nicht mehr von der Sonne wegweist, sondern genau in ihre Richtung. Der Nordpol ist jetzt zur Sonne hingeneigt. Nach weiteren drei Monaten steht die Erde dann genau über der «6» und kehrt drei Monate später wieder zum Ausgangspunkt über der «3» zurück.

Im Laufe eines Jahres neigt sich also der Nordpol mal von der Sonne weg und dann wieder zu ihr hin. Betrachten wir noch mal die Situation, in der die Erde auf dem Ziffernblatt der Erdbahnebene genau über der «9» steht. Stellen wir uns vor, wir befänden uns genau am Nordpol. Würde die Erdachse senkrecht stehen, so stünden wir hier genau an der Grenze zwischen Tag und Nacht. Wenn wir in Richtung der Sonne blicken, sehen wir vor uns die Hälfte der Erde, auf der Tag herrscht. Auf der anderen Hälfte der Erde, hinter uns, ist Nacht. Während sich die Erde um ihre Achse dreht, könnten wir verfolgen, wie die exakt durch den Nordpol verlaufende Grenze zwischen Tag und Nacht einmal herumwandert.

Aber die Achse der Erde ist nun mal geneigt. An der momentanen «9»-Uhr-Position ist der Nordpol in Richtung Sonne gekippt. Er wird also *komplett* von der Sonne beleuchtet; es gibt keine Tag-Nacht-Grenze, die genau durch den Pol verläuft. Solange der Nordpol zur Sonne hingeneigt ist, herrscht dort *immer* Tag! Erst wenn sich die Erde ein halbes Jahr später zur «3»-Uhr-Position bewegt hat, ist der Nordpol von der Sonne weggeneigt. Jetzt ist es dort *immer* dunkel und es gibt überhaupt kein Tageslicht. Dafür ist nun der Südpol zur Sonne geneigt und genießt Tage ohne Nächte. Dieses Phänomen nennt man «Polarnacht» bzw. «Polartag». An den Polen der Erde ist es ein halbes Jahr lang hell und dann ein halbes Jahr lang dunkel. Dieses durch die Neigung der Erdachse ausgelöste Phänomen findet man aber, weniger stark ausgeprägt, auch abseits der Polargebiete.

Gehen wir vom Nordpol wieder zurück nach Innsbruck, von wo aus wir neidisch nach Hamburg schauen, weil es dort länger hell ist. Würde die Erdachse genau senkrecht auf der Ebene der Erdbahn stehen, würde die Sonne in beiden Städten zur gleichen Zeit untergehen, weil sie sich beide zur gleichen Zeit aus dem Sonnenlicht herausdrehen. Die Linie zwischen Tag und Nacht würde von Hamburg nach Innsbruck verlaufen. Wenn aber der Nordpol in Richtung Sonne gekippt ist, und das ist er im Sommer, ist auch die gesamte nördliche Hälfte der Erde zur Sonne hingeneigt. Die Linie zwischen Tag und Nacht ist nun also ebenfalls verschoben, und auch Hamburg ist ein wenig zur Sonne hingekippt. Nicht so stark wie der Nordpol selbst, aber immer noch stark genug, um den Tag dort zu verlängern. Wenn es in Innsbruck schon dunkel ist, befindet sich Hamburg noch im Sonnenlicht!

Es kann sogar vorkommen, dass es nachts gar nicht richtig dunkel wird. Die Zeit zwischen hellem Tag und dunkler Nacht nennen wir Dämmerung. Von ihr gibt es aber verschiedene Arten. Denn wenn die Sonne hinter dem Horizont verschwindet, wird es nicht sofort dunkel. Das beginnt schon damit, dass wir die Sonne noch sehen können, wenn sie eigentlich gar nicht mehr zu sehen sein sollte. Das Licht der Sonne muss die Atmosphäre der Erde durchqueren. Wenn die Lichtstrahlen aus dem Vakuum des Alls auf die Lufthülle der Erde treffen, werden sie ein wenig abgelenkt: als würde sich das Licht durch eine Linse aus Glas bewegen. Die Strahlen werden ein wenig «verbogen». Deswegen ist es möglich, dass uns auch noch Sonnenstrahlen erreichen, wenn die Sonne schon unter dem Horizont steht. Die Atmosphäre der Erde lenkt die Lichtstrahlen ab und schiebt sie zurück über den Horizont.

Ein wenig später ist die Sonne dann aber tatsächlich verschwunden. Auch die Atmosphäre kann das Licht nicht mehr ausreichend ablenken, die Sonne ist nun wirklich untergegangen. Das Licht der Sonne kann aber trotzdem noch die höheren Schichten der Atmosphäre erreichen und aufhellen. Im Westen, dort, wo die Sonne untergeht, ist der Himmel also immer noch ein wenig heller als anderswo. Diese Phase nennt man «bürgerliche Dämmerung». Erst wenn die Sonne sechs Grad unter den Horizont gewandert ist, erreicht ihr Licht auch die höheren Schichten der Atmosphäre nicht mehr. Komplett finster ist es jetzt aber immer noch nicht. Ein wenig von der Atmosphäre gestreutes Licht hellt den Himmel nach wie vor auf. Es beginnt die «nautische Dämmerung». Sie ist erst dann zu Ende, wenn die Sonne 12 Grad unter dem Horizont steht. Jetzt ist es schon deutlich dunkler. Man kann viele Sterne am Himmel sehen, unter anderem auch die, die früher von den Seefahrern für die Navigation verwendet worden sind. Es ist aber immer noch hell genug, um auf hoher See den Horizont erkennen zu können, was ebenfalls nötig ist, um die Messungen für die Positionsbestimmung durchzuführen. Daher der Name «nautische Dämmerung». Ist sie beendet, beginnt die «astronomische Dämmerung». Die wiederum ist vorbei, wenn die Sonne 18 Grad unter dem Horizont steht. Jetzt ist es komplett und wahrhaftig dunkel, und die Astronomen können mit ihren sensiblen Messungen und Beobachtungen beginnen, für die sie einen völlig dunklen Himmel brauchen.

Manchmal klappt das aber nicht. Dann geht die astronomische Abenddämmerung nicht zu Ende, sondern direkt in die astronomische Morgendämmerung über. Die Sonne sinkt in solchen Nächten nie tiefer als 18 Grad unter den Horizont, es gibt keine völlig dunkle Nacht. So etwas kann man fast überall in Deutschland beobachten. Alle Bewohner von Orten mit einer geographischen Breite nördlich von 48,56 Grad erleben im Sommer solche «unvollständigen» Nächte: Stuttgarter kommen noch so gerade eben in den Genuss, die Nacht von Münchnern aber ist immer komplett dunkel.

Weiter im Norden dagegen gibt es oft nicht mal eine astronomische Dämmerung. Befindet man sich auf Breitengraden nördlich von 54,56 Grad, geht die nautische Abenddämmerung dirckt in die nautische Morgendämmerung über. Um so etwas zu erleben, muss man ins nördliche Schleswig-Holstein reisen, zum Beispiel nach Flensburg. Auch auf Sylt oder Rügen sind die Nächte zuweilen so hell. Nicht mehr in Deutschland, aber noch weiter im Norden gibt es die «weißen Nächte». Hier sinkt die Sonne im Sommer manchmal nie weiter als sechs Grad unter den Horizont. Die bürgerliche Abenddämmerung geht direkt in die bürgerliche Morgendämmerung über. Nördlich von 60,56 Grad, also zum Beispiel in großen Teilen Skandinaviens, sind die Nächte im Sommer so hell, dass man zum Lesen eines Buchs keine Lampe braucht.

Bewegt man sich noch mal sechs Grad weiter nach Norden, überschreitet man eine besondere Grenze. Hier befindet sich der nördliche Polarkreis. Im Sommer gibt es hier Tage, in denen die Sonne *gar nicht mehr* hinter dem Horizont verschwindet. Es ist hier ständig hell. Natürlich hat die Geschichte auch eine – im wahrsten Sinne des Wortes – Schattenseite. Im Winter ist alles umgekehrt. Nördlich des Polarkreises gibt es dann Tage, an denen die Sonne nie aufgeht. Auch bei uns in Mitteleuropa geht die Sonne dann im Norden später auf und früher unter als im Süden. Anfang Dezember sehen wir den Sonnenaufgang in Innsbruck um 7:40 Uhr. In Hamburg muss man fast eine halbe Stunde länger warten, bevor es hell wird. Und wenn die Sonne an der Waterkant um 16 Uhr untergeht, ist es in Innsbruck noch knapp 20 Minuten lang hell.

Auch draußen vor der Bar ist es mittlerweile richtig dunkel geworden. Beim Fußballspiel in Kopenhagen mussten ebenfalls schon die Flutlichter eingeschaltet werden. Da wir nun wissen, warum es im Norden manchmal länger hell ist als im Süden, könnten wir eigentlich in Ruhe den letzten Minuten des Spiels folgen. Aber gerade als das Match so richtig spannend wird, fällt plötzlich das Bild aus. Auf dem alten Röhrenfernseher ist nur noch weißes Rauschen zu sehen. Selbst im Vergleich zu dem eher durchschnittlichen Spiel ein äußerst langweiliges Programm – aber nur so lange, bis wir ein wenig genauer darüber nachdenken, was wir hier eigentlich sehen. Denn das, was nach einer ordinären Bildstörung aussieht, ist in Wahrheit eine Übertragung des wichtigsten Ereignisses in der Geschichte des Kosmos. Im weißen Rauschen am Bildschirm sehen wir zurück in eine Zeit vor 14 Milliarden Jahren. Zurück bis zum Urknall, als das Universum seinen Anfang genommen hat!

Der Urknall auf der Mattscheibe

Vor ca. 13,7 Milliarden Jahren hat alles angefangen. Da entstand das Universum. Was *genau* zu diesem Zeitpunkt passiert ist, wissen wir heute noch nicht. Die Wissenschaftler haben zwar ein paar recht gute Ideen, wie dieser erste Augenblick im Leben des Universums ausgesehen haben könnte. Ein paar Hypothesen darüber, warum der Urknall stattgefunden hat und was davor geschehen ist, haben sie bereits aufgestellt. Aber abgesehen davon, dass all diese Theorien kaum veranschaulicht werden können und nur auf mathematischer Ebene verständlich sind, wissen wir heute noch zu wenig, um herausfinden zu können, ob diese Ideen richtig sind oder nicht. Was wir aber ziemlich gut wissen, ist, was kurz nach dem Urknall passiert ist und wie sich das Universum seitdem weiterentwickelt hat.

Beim Urknall wurde jede Menge Energie freigesetzt. Energie und Masse sind äquivalent, wie wir seit Albert Einstein wissen, und darum entstanden aus dieser Energie sofort jede Menge Elementarteilchen wie Quarks und Elcktronen. «Quarks» sind – neben den Elektronen – die bisher leichtesten bekannten Bausteine der Materie. Sie existieren nur sehr ungern alleine und verbinden sich sofort mit anderen Quarks. Gemeinsam bilden sie dann Teilchen wie die Protonen oder Neutronen, die wir vorhin schon beim Eintopflöffeln kennengelernt haben. Freie

Quarks gab es seit dem Urknall also nicht mehr, nur in großen Teilchenbeschleunigern können wir Bedingungen schaffen, die den ersten Sekundenbruchteilen nach dem Urknall ähneln und für kurze Zeit ein sogenanntes Quark-Gluonen-Plasma[36] schaffen, wie es damals existierte.

Sobald sich die Quarks zu Protonen und Neutronen zusammengefunden hatten, ging es Schlag auf Schlag. Im jungen Universum – es ist noch nicht einmal eine Sekunde seit dem Urknall vergangen! – ist es immer noch enorm heiß. Alle Teilchen sausen wild durch die Gegend. Beim Urknall entstanden aber nicht nur die «normalen» Teilchen, sondern auch «Anti-Teilchen». Antimaterie unterscheidet sich durch nichts von normaler Materie. Sie besitzt nur eine andere elektrische Ladung. Ein Elektron zum Beispiel ist elektrisch negativ geladen. Das entsprechende Antiteilchen heißt «Positron» und ist positiv geladen. Die entgegengesetzten Ladungen ziehen sich an, genau wie zwei Magnete. Im Gegensatz zu Magneten, die einfach nur aneinanderkleben, vernichten sich Materie und Antimaterie aber, wenn sie aufeinandertreffen. Genau das passierte auch im frühen Universum. Glücklicherweise wurde beim Urknall ein kleines bisschen mehr Materie als Antimaterie geschaffen. Warum das so war, wissen wir nicht. Doch wenn es nicht so gewesen wäre, würde heute im Universum keinerlei Materie existieren, alle Teilchen hätten sich schon wenige Sekunden nach dem Urknall gegenseitig vernichtet. So blieb ein kleiner Teil Materie übrig – und jede Menge Energie! Denn bei der Vernichtung von Materie und Antimaterie entstehen hochenergetische Lichtteilchen, die «Photonen».

---

36 Gluonen sind eine spezielle Sorte von Elementarteilchen, die dafür sorgen, dass die Quarks, aus denen die Protonen und Neutronen bestehen, zusammenhalten.

Nach dem großen Materie-Antimaterie-Massaker – seit dem Urknall ist nun circa eine Sekunde vergangen – war das Universum also voll mit diesen Photonen; es war voll mit Licht. Das Licht war allerdings gefangen. Denn es sausten ja noch die übriggebliebenen Protonen, Neutronen und Elektronen überall durchs All. Die Photonen stießen ständig an die Elektronen und konnten sich nicht ausbreiten. Zwar zogen sich die negativ geladenen Elektronen und die positiv geladenen Protonen gegenseitig an und versuchten Atome zu bilden, die aus einem Atomkern mit Elektronenhülle bestehen, so wie wir sie heute kennen. Aber es war einfach noch zu heiß, und die Teilchen bewegten sich alle viel zu schnell, um stabile Atome bilden zu können. Die Elektronen konnten sich nicht mit den Protonen verbinden und standen den Photonen weiterhin im Weg. Das Universum war eine trübe, undurchsichtige Suppe. Es dauerte nun ein wenig, bis sich das änderte. Zeit verging, das Universum wurde kühler und kühler, und ungefähr 400 000 Jahre nach dem Urknall sank die Temperatur endlich weit genug, damit die Elektronen von den Protonen eingefangen werden konnten. Die ersten Atome entstanden. Das meiste davon war Wasserstoff, dasjenige Element, das am einfachsten aufgebaut ist – er besteht nur aus einem Proton und einem Elektron. Wasserstoff machte drei Viertel der neu entstandenen Materie aus. Die restlichen 25 Prozent bestanden fast nur aus Heliumatomen.

Jetzt war der Weg frei für die Photonen! Plötzlich hatten sie jede Menge Platz und konnten sich frei durch das All bewegen. Das Universum wurde durchsichtig, und zum ersten Mal seit dem Urknall begann die Strahlung, sich überallhin auszubreiten. Das erste Licht seit dem Urknall machte sich auf seinen

Weg durch den Kosmos. Platz gab es genug, denn das Universum selbst dehnte sich weiter aus. Es wurde immer größer und immer kühler. Aus Wasserstoff und Helium entstanden die ersten Sterne, und die begannen mit der Produktion der restlichen chemischen Elemente. Es bildeten sich Planeten, vor 4,5 Milliarden Jahren entstand die Erde, vor ungefähr 4 Milliarden Jahren entstanden die ersten Lebewesen, vor ein paar tausend Jahren wurden ein paar dieser Lebewesen intelligent genug, um Alkohol zu erfinden und Bars, in denen er ausgeschenkt wird. 1857 wurde der erste offizielle Fußballverein gegründet,[37] und heute sitzen wir in einer Bar und starren auf einen Fernsehapparat, auf dem eben noch ein Fußballmatch zu sehen war und jetzt nur noch Rauschen. Und das Licht des Urknalls? Das ist immer noch unterwegs im All ...

Man stellt sich den Urknall ja oft wie eine normale Explosion vor, die an einem bestimmten Ort stattgefunden hat. Das allerdings ist falsch. Vor 13,7 Milliarden Jahren ist nicht einfach *irgendwo* etwas explodiert und hat alle Materie und das Universum geschaffen. Es gab kein «irgendwo». Es gab nichts. Keinen Raum und keine Zeit. Raum und Zeit selbst entstanden damals selbst erst. Der neu entstandene Raum begann sich auszudehnen und tut das heute noch. Es gibt keinen bestimmten Ort im Universum, an dem der Urknall stattgefunden hat. Vor 13,7 Milliarden Jahren war der ganze Kosmos in einem unvorstellbar kleinen Bereich zusammengedrängt. Dieser Bereich enthielt all die Materie, die es damals gab und die es heute noch gibt. Seit damals hat sich dieser zunächst winzige Punkt immer weiter

---

[37] Der FC Sheffield aus England.

aufgebläht und das gigantische Universum geschaffen, das wir heute sehen. Der «Ort», an dem der Urknall stattgefunden hat, ist also überall!

Das gilt auch für die Strahlung, die damals freigeworden ist. Das Licht des Urknalls verbreitete sich mit der Expansion des Universums durch den ganzen Kosmos. Dabei hat es sich aber auch ein wenig verändert. Seit dem Big Bang hat sich der Raum beständig ausgedehnt. Die Strahlung in diesem Raum wurde ebenfalls ein wenig «gestreckt», die Lichtwellen wurden auseinandergezogen. Ursprünglich war die Strahlung enorm energiereich, sie hatte eine sehr kurze Wellenlänge. Die Expansion des Raums hat die Wellen aber immer weiter gestreckt und ihre Energie immer weiter verdünnt. Heute sieht das Licht des Urknalls ganz anders aus als damals. Aber wir wissen, wie!

1948 wusste man noch nicht viel über den Ursprung des Universums. Ein paar Jahrzehnte zuvor hatte der amerikanische Astronom Edwin Hubble eine revolutionäre Entdeckung gemacht. Er fand heraus, dass sich jede Galaxie von jeder anderen Galaxie entfernte. Alles im Universum strebte auseinander, und zwar umso schneller, je weiter es voneinander entfernt war.[38] Das bedeutete aber, dass früher alles näher beieinander war. Und noch früher noch näher. Bis irgendwann, an einem fernen Punkt der Vergangenheit, sich alles an einem einzigen Punkt zusammendrängte. Das Universum musste also irgendwann einen Anfang gehabt haben und sich seitdem ausdehnen.

---

38 Das gilt allerdings nur, wenn man das Universum auf sehr großen Skalen betrachtet. Galaxiengruppen entfernen sich voneinander, aber die Planeten unseres Sonnensystems oder die Sterne unserer Milchstraße halten weiterhin zusammen. Auf diesen kleinen Entfernungen wirkt die Gravitationskraft der Himmelskörper noch stark genug, um der Expansion entgegenzuwirken und alles zusammenzuhalten.

Diese Vorstellung gefiel vielen Wissenschaftlern nicht. Man hatte sich in den Jahrzehnten davor daran gewöhnt, das Universum als etwas zu betrachten, das ewig ist und ohne Anfang und Ende existierte. Die Idee eines konkreten Anfangs in der Vergangenheit war für viele Wissenschaftler absurd. Außerdem sah das zu sehr nach göttlichem Schöpfungsakt aus, und die Religion wollte man nach Möglichkeit aus der Kosmologie heraushalten.

Selbst der große Albert Einstein, dessen allgemeine Relativitätstheorie eigentlich ein Universum vorhersagte, das sich ausdehnt, vertraute seinen eigenen Gleichungen nicht und modifizierte sie so, dass sie einen statischen und ewigen Kosmos beschrieben (später sah er aber ein, dass er sich damit geirrt hatte). Der prominente britische Astronom Fred Hoyle fand die ganze Geschichte über den Anfang des Universums so absurd, dass er die These in einem Interview abwertend als «Big Bang» bezeichnete und so unabsichtlich den heute gebräuchlichen Ausdruck für dieses Ereignis schuf.

Es gab damals nur wenige Wissenschaftler, die den Urknall ernst nahmen. Zu ihnen gehörten die Amerikaner Ralph Alpher und Robert Herman. Sie wollten berechnen, wie das frühe Universum kurz nach dem Urknall ausgesehen haben musste. Bei ihren Rechnungen stellten sie genau das fest, was schon weiter oben beschrieben wurde: Ganz zu Beginn war das Universum noch zu heiß, als dass sich Atome hätten bilden können. Erst später war es kühl genug, und zu diesem Zeitpunkt musste sich jede Menge Strahlung auf ihren Weg durchs All gemacht haben. Alpher und Herman wussten natürlich auch, dass die Expansion des Raums die Wellenlänge der Strahlung verändern musste, und sie berechneten, wie sich dieser Effekt auswirkt. Heute, so lautete das Ergebnis, das sie 1948 veröffentlichten, bestehe das Licht des Urknalls aus langwelligen Mikrowellenstrahlen. Mikrowellen haben eine Wellenlänge von einigen Millimetern bis Zentimetern. Wir kennen sie aus dem Mikrowellenherd in der Küche; sie werden aber auch zur Übertragung verschiedenster Signale (drahtloses Internet, Fernsehen etc.) benutzt. Für unsere Augen ist diese Art des Lichts natürlich unsichtbar; wir können nur viel kürzere Wellenlängen sehen. Aber entsprechend große Radioantennen können Mikrowellen problemlos detektieren.

Alpher und Herman sagten also voraus, dass das gesamte Universum von einer Mikrowellenstrahlung erfüllt sein müsste. Die ursprüngliche hochenergetische Strahlung, die 400 000 Jahre nach dem Urknall entstand und das junge Universum erfüllte, sollte sich bis in die Gegenwart zu einem «kosmischen Mikrowellenhintergrund» gewandelt haben. Egal, wohin man im Universum blicke (wir erinnern uns: Der Urknall fand überall statt): Immer müsse man Mikrowellenstrahlung einer ganz bestimmten Wellenlänge sehen können. Leider wurden diese Vorhersagen von der Wissenschaft damals zwar diskutiert, aber nicht wirklich ernst genommen. Vor allem machte sich niemand die Mühe, tatsächlich nachzusehen, ob diese Strahlung wirklich da ist. Das lag vor allem daran, dass die Kosmologie, also die Wissenschaft von der Entstehung und Entwicklung des Universums, damals noch in den Kinderschuhen steckte und die Kontakte zu anderen Disziplinen nur spärlich vorhanden waren. Diejenigen, die in der Lage gewesen wären, die entsprechenden Messungen anzustellen, hatten von der Vorhersage Alphers und Hermans vermutlich nicht einmal gehört.

In den 1960er Jahren stießen andere Wissenschaftler unabhängig von Alpher und Herman noch einmal auf die kosmische Hintergrundstrahlung. Der amerikanische Physiker Robert Dicke kam bei seiner Forschung zu den gleichen Ergebnissen wie seine beiden Vorgänger, im Gegensatz zu ihnen bemühte er sich aber aktiv darum, seine Vorhersage auch durch Messungen zu bestätigen. Während er sich noch daranmachte, ein passendes Teleskop dafür zu finden und die Messungen zu planen, hatten zwei andere Wissenschaftler die Hintergrundstrahlung schon entdeckt – allerdings ohne es zu merken. Arno Penzias und Robert Wilson wollten eigentlich nur eine alte Radioantenne wieder auf Vordermann bringen, um sie für den Einsatz als Teleskop in der Radioastronomie vorzubereiten. Dazu checkten sie sie erst einmal komplett durch. Wenn man den Himmel mit einem Teleskop beobachtet, möchte man ja nach Möglichkeit nur die echten Signale empfangen und möglichst wenig «Rauschen». Deswegen bauen die Astronomen ihre optischen Teleskope in Gegenden, in denen es stockfinster ist, damit wirklich nur das Licht der Sterne gemessen wird und nicht auch die Lichter von Straßenlaternen. Und auch die Radioastronomen müssen ihre Geräte überprüfen und nachsehen, welche anderen Arten von Strahlung abseits des Himmels sie eventuell empfangen. Und so, wie es auf der Erde jede Menge künstliche Lichtquellen gibt, die das Licht der Sterne stören, gibt es auch viele künstliche Radioquellen, die astronomische Messungen beeinflussen können.

Das Radioteleskop von Penzias und Wilson wurde von verschiedenen Signalen gestört, die sie im Jahr 1965 identifizierten und zu eliminieren begannen. Nur ein Signal wollte nicht verschwinden. Egal, was sie anstellten, das Teleskop fing trotzdem immer noch ein leises Rauschen, eine schwache Mikrowellenstrahlung auf. Die beiden überprüften die komplette Konstruktion des Teleskops, tauschten sensible Teile aus und entfernten sogar den Taubenkot (oder das «weiße di-elektrische Material» wie sie es offiziell nannten) von der Antenne. Doch das Rauschen blieb. Egal, wohin sie das Teleskop richteten, es war da und wollte nicht verschwinden. Eine schwache Mikrowellenstrahlung, die aus allen Richtungen des Himmels kommt: Das war genau das, was Alpher, Herman und Dicke vorhergesagt hatten! Nur leider wussten Penzias und Wilson nichts von diesen Vorhersagen. Sie hatten daher ebenfalls keine Ahnung, welche große Entdeckung sie gemacht hatten. Stattdessen ärgerten sie sich, dass ihr Radioteleskop nicht das machte, was es sollte. Natürlich sprachen sie auch mit Kollegen über ihr Problem, und die Kollegen trafen auf Konferenzen andere Kollegen, und die trafen wieder andere Kollegen – irgendwann endlich fand sich jemand, der ausreichend Bescheid wusste und bemerkte, was Penzias und Wilson da entdeckt hatten. Man informierte Robert Dicke, der zu diesem Zeitpunkt zufälligerweise gerade mit ein paar Kollegen zusammensaß und darüber diskutierte, wie man seine Vorhersage zur Hintergrundstrahlung am besten überprüfen könne.

Dicke konnte sich die Arbeit sparen, die kosmische Hintergrundstrahlung war entdeckt. Die Urknalltheorie hatte eine Vorhersage gemacht, die eindrucksvoll bestätigt wurde. Nun waren auch die meisten anderen Wissenschaftler überzeugt davon, dass der «Big Bang» nicht so lächerlich war, wie man früher gedacht hatte, und nahmen diese Theorie ernst. 1978 gab es für die Entdeckung der Hintergrundstrahlung sogar einen Nobelpreis. Arno Penzias und Robert Wilson teilten ihn sich; vielleicht ein wenig zu Unrecht, denn immerhin waren die beiden nur zufällig über die Strahlung aus dem All gestolpert – ohne zu wissen, was sie da entdeckt hatten. Alpher, Herman und Dicke, die die Existenz der Hintergrundstrahlung vorhergesagt hatten, gingen leer aus.

Heute können wir die Hintergrundstrahlung sehr exakt vermessen. Wir haben spezielle Teleskope ins All geschickt, die sie viel genauer beobachten können als das von Penzias und Wilson. Die Hintergrundstrahlung ist enorm gleichförmig. Egal, wohin man am Himmel blickt, aus jeder Richtung kommt ziemlich exakt die gleiche Menge. Das ist wenig überraschend, denn als die Strahlung entstand, war das Universum noch viel kleiner als heute. Es war damals nicht schwer für die Strahlung, sich gleichförmig über das ganze winzige Universum zu verteilen. Als der Raum dann immer weiter expandierte, blieb die Strahlung weiterhin gleichförmig verteilt. Sie darf aber nicht völlig gleichförmig sein. Wenn Materie und Strahlung in der Frühzeit des Universums tatsächlich exakt gleichförmig verteilt gewesen wären, gäbe es uns heute nicht. Es muss winzige Unregelmäßigkeiten gegeben habe. In manchen Gegenden des Raums gab es ein bisschen mehr Materie als anderswo. Die «Klumpen» übten eine stärkere Anziehungskraft auf ihre Umgebung aus und wuchsen im Laufe der Zeit an. Aus ihnen konnten sich später die ersten Sterne und Galaxien bilden. So wusste man in den 1970er und 1980er Jahren: Wenn die Urknalltheorie tatsächlich richtig ist, dann muss es in der Hintergrundstrahlung winzige Variationen geben.

Man probierte natürlich, sie zu messen, scheiterte aber lange. Die Hintergrundstrahlung war immer exakt gleich, egal in welche Richtung man schaute. Erst als Anfang der 1990er Jahre ein spezielles Teleskop ins Weltall geschickt wurde, war man erfolgreich. Der «Cosmic Background Explorer (COBE)» fand die winzigen Variationen und bestätigte ein weiteres Mal eindrucksvoll die Vorhersagen der Urknalltheorie. Mittlerweile sind andere Teleskope ins All geflogen und noch genauere Messungen angestellt worden. Diese Daten sind enorm wichtig, wenn wir das Universum verstehen wollen.

Die kosmische Hintergrundstrahlung ist das älteste Licht, das wir sehen können. Aus seiner Untersuchung können wir lernen, wie das Universum in seiner Kindheit ausgesehen hat. Wir können verstehen, was passiert ist, als es geboren wurde, und wir können mit den Daten der Hintergrundstrahlung vielleicht auch bald herausfinden, was davor stattgefunden hat. Was war vor dem Urknall? Und was bedeutet diese Frage angesichts der Tatsache, dass Raum *und Zeit* erst mit dem Urknall entstanden sind? Ist unser Universum alles, was existiert, oder gibt es noch andere Universen? War der Urknall das Resultat der Kollision zweier solcher Parallelwelten? Das alles sind Fragen, die sich durch die exakte Analyse der Hintergrundstrahlung eventuell eines Tages beantworten lassen.

Aber egal, wie die Antworten aussehen werden; egal ob wir Teleskope ins All schicken oder nicht: Die Hintergrundstrahlung ist da. Seit mehr als 13 Milliarden Jahren saust sie durch den Kosmos und erzählt uns von der Entstehung des Universums. Jeder Kubikzentimeter des Alls enthält etwa 400 Photonen der Hintergrundstrahlung. Und ein paar davon gelangen bis zur Erde. Sie werden zum Teil von den Teleskopen der Astronomen aufgefangen, ein paar aber auch von ganz normalen Radio- und Fernsehantennen. Das Rauschen und Flackern auf dem Fernsehbildschirm hier in der Bar zeigt nicht einfach nur eine Bildstörung. Ein paar der Photonen, die das grisselige Bild erzeugen, stammen aus der Zeit kurz nach dem Urknall. Im Fernsehapparat sehen wir also das Licht des Urknalls. Das ist doch viel beeindruckender als jedes Fußballmatch.

Die Suche nach der Dunkelheit

Das Spiel ist mittlerweile seit langem abgepfiffen, die Spieler und Fans haben das Stadion verlassen, und auch wir sollten langsam weiterziehen. Mittlerweile ist es Nacht geworden, und nachdem wir uns schon den ganzen Tag mit Astronomie beschäftigt haben, könnten wir auch mal einen Blick auf die Sterne am Himmel werfen. Verlassen wir also die Bar und treten hinaus ins Freie. Der Blick auf den Nachthimmel ist allerdings ziemlich enttäuschend. Der Himmel ist zwar wolkenfrei, Sterne können wir aber trotzdem so gut wie keine sehen. Hier, mitten in der Stadt, ist es einfach viel zu hell. All die Straßenlaternen, die beleuchteten Schaufenster, die großen Flutlichter, die Kirchen und andere Sehenswürdigkeiten beleuchten, machen den Himmel so hell, dass es fast unmöglich ist, dort oben irgendetwas zu erkennen. Egal, wohin wir blicken, wir sehen keine Sterne, nur einen «lichtverschmutzten» Himmel.

Früher muss die Nacht ganz anders ausgesehen haben. Als es noch keinen elektrischen Strom und keine Straßenbeleuchtung gab, als die meisten Menschen schlafen gingen, wenn es dunkel, und aufstanden, wenn es hell wurde. Da war es nachts dunkel. Wirklich dunkel. Stockfinster. Das einzige Licht kam vom Mond und von den Sternen. Der Anblick eines sternenübersäten Nachthimmels, der Anblick des weißen Bandes der Milchstraße, das sich über den Himmel zieht, war für die Menschen normal – während sie heute von den meisten Leuten noch nie in ihrem Leben gesehen wurde. Ein komplett dunkler Nachthimmel existiert in Mitteleuropa nicht mehr. Die Dunkelheit ist aus der zivilisierten Welt verschwunden, und die Astronomen haben sich in entlegene Wüsten und auf hohe Berggipfel zurückgezogen.

Der Verlust der Dunkelheit ist aber nicht nur ein Problem für die Astronomen. Viele nachtaktive Tiere leiden ebenfalls darunter. Die hellen künstlichen Lichter stören ihren Orientierungssinn. Die vielen Insekten, die man nachts um Straßenlaternen fliegen sieht, machen das nicht, weil ihnen das Licht so gut gefällt, sondern weil sie nicht wissen, wohin sie fliegen sollen. Eine einzige Laterne kann pro Nacht für den Tod von bis zu 150 Insekten verantwortlich sein. Allein in Deutschland können so in einer einzigen Nacht einige Milliarden Insekten sterben. Da sie ein wichtiger Bestandteil des Ökosystems sind, bleibt das nicht ohne Auswirkungen. Auch Zugvögel werden durch die künstlichen Lichter gestört und viele andere Tiere, die sich normalerweise am Nachthimmel orientieren, zum Beispiel Meeresschildkröten. Auch wir Menschen leiden unter dem Mangel an Dunkelheit. Damit unser Körper funktioniert, brauchen wir zum Beispiel das Hormon «Melatonin». Das wird allerdings nur gebildet, wenn es dunkel ist. Wenn die Nächte immer heller werden, stört das die Produktion dieses Hormons, wir leiden schneller unter Stress und schlafen schlechter. Das tut unserem Immunsystem nicht gut und schädigt unsere Gesundheit. Es gibt auch medizinische Studien, die zeigen, dass Melatonin das Wachstum von Tumoren verhindert und bremst. Eine Störung der Melatoninproduktion könnte also auch Krebserkrankungen begünstigen. Mediziner aus Israel haben tatsächlich Hinweise darauf gefunden, dass Frauen, die nachts verstärkt Helligkeit ausgesetzt sind, eher an Brustkrebs erkranken.[39]

Neben den gesundheitlichen Folgen ist der Mangel an Dunkelheit natürlich auch ein kultureller Verlust. Wer schon einmal das Glück hatte, eine klare Nacht in einer wirklich dunklen Gegend zu verbringen, der kann kaum anders, als von der Schönheit des Nachthimmels beeindruckt zu sein. Dort, wo man in der hellen Stadt gerade mal eine Handvoll Sterne sieht, sind es hier Tausende, die mit freiem Auge sichtbar sind. Wenn es wirklich dunkel ist, können wir die Milchstraße sehen. Sie zieht sich wie ein milchig-weißes Band über den Himmel und gehört zu den schönsten Anblicken, die die Nacht zu bieten hat. In Wahrheit besteht sie aus Hunderten Milliarden von einzelnen Sternen, den Sternen unserer Galaxie. Die Sonne existiert ja nicht isoliert im All, sondern bildet mit ein paar hundert Milliarden anderen Sternen ein gewaltiges System. Sie befindet sich in den äußeren Bereichen dieser Galaxie, und wenn wir von der Erde aus in Richtung des galaktischen Zentrums blicken, sehen wir am Himmel das Band der Milchstraße. In einer dunklen Nacht können wir mit freiem Auge sogar noch andere Galaxien am Himmel sehen. Denn so wie die Sonne nicht allein im All ist, ist auch die Milchstraße nur eine von ein paar hundert Milliarden Galaxien, die das gesamte Universum bevölkern. Auf der Südhalbkugel können wir die große und die kleine Magellan'sche Wolke sehen. Dabei handelt es sich um zwei kleine Zwerggalaxien, die die Milchstraße als Satelliten umkreisen. Auf der Nordhalbkugel sehen wir die Andromedagalaxie, die sich uns als verwaschener Fleck am Himmel präsentiert. Sie ist ein we-

---

[39] Der genaue Zusammenhang zwischen Lichtverschmutzung und Erkrankungen beim Menschen ist aber noch nicht geklärt und Teil der aktuellen Forschung.

nig größer als unsere eigene Milchstraße und unvorstellbare 2,5 Millionen Lichtjahre weit entfernt. Das Licht, das uns von ihr erreicht, ist dort also vor 2,5 Millionen Jahren ausgesandt worden. Der Blick hinauf zur Andromedagalaxie ist einer in die fernste Vergangenheit – der den meisten Menschen aber wegen der Lichtverschmutzung verstellt ist.

In einer wirklich dunklen Nacht sehen wir auch, dass die Sterne nicht einfach nur weiße Lichtpunkte am Himmel sind. Wir erkennen ihre Farben. Wir können rote Sterne sehen, gelbe Sterne, weiße und blaue. Wir nehmen nicht nur die hellsten Sterne wahr, sondern auch die, die nur schwach leuchten. Wir sehen ein funkelndes, buntes Panorama aus Licht und Dunkelheit. Für die Menschen der Vergangenheit war so ein phantastischer Nachthimmel normal, und es ist kein Wunder, dass die Sterne jahrtausendelang Mythologie, Religion, Kunst und Philosophie inspirierten. Heute fehlt den meisten Menschen diese Inspiration – vielen schon deshalb, weil sie in hellen Städten wohnen und noch nie einen echten Nachthimmel gesehen haben.

Das wären eigentlich schon genug Gründe, um das Problem der Lichtverschmutzung ernst zu nehmen. Aber es gibt auch ganz handfeste finanzielle Argumente, die gegen die Dauerbeleuchtung der Nacht sprechen. Denn der Großteil des nächtlichen Lichts ist reine Verschwendung. Wir sind ja nicht daran interessiert, den Himmel zu beleuchten. Wir möchten helle Straßen haben. Wir möchten, dass die Räume in unseren Häusern erleuchtet sind, weil wir im Gegensatz zu unseren Vorfahren nicht mehr bei Einbruch der Dunkelheit schlafen gehen. Viele Lichter, die in unseren Städten leuchten, tun dies jedoch völlig ungezielt und ungeplant. Straßenlaternen strahlen ihr Licht oft in alle Richtungen ab und nicht nur dorthin, wo es gebraucht wird: auf die Straße. Sehenswürdigkeiten werden Nacht für Nacht angestrahlt, egal ob Leute da sind, die sie betrachten wollen, oder nicht. Im Boden versenkte Strahler machen nichts anderes, als in den Himmel zu leuchten, wobei sie zur Erhellung der Straßen kaum etwas beitragen. Selten befahrene Straßen werden trotzdem die ganze Nacht hindurch beleuchtet. All das ist nicht nur der Grund, warum die Lichtverschmutzung überhaupt existiert – es ist zudem eine enorme Verschwendung von elektrischem Strom und damit eine ziemliche Geldverschwendung.

Es ist klar, dass wir nicht wieder zurück in eine vorindustrielle Welt wollen. Die technischen Errungenschaften der letzten Jahrhunderte sind zu Recht wichtig für uns. Aber wir könnten uns bemühen, sie vernünftig einzusetzen. Es gibt heutzutage genug Möglichkeiten, wie man Städte so beleuchten kann, dass keine unnötige Aufhellung des Himmels entsteht. Man kann alte Straßenlaternen gegen neue austauschen, die wirklich nur die Straßen beleuchten und bei denen kaum Streulicht nach oben oder an die Seiten entweicht. Man kann intelligente Lichtsteuerungssysteme einsetzen, die wenig befahrene Straßen genau dann anstrahlen, wenn es nötig ist. Man kann die Beleuchtung belebter Plätze neu und effizienter planen und mit weniger Lichtquellen die gleiche Ausleuchtung erreichen. Solche Investitionen kosten natürlich Geld. Aber sie bringen auch Geld zurück. Augsburg in Deutschland gilt in Sachen «umweltfreundliche Beleuchtung» als Modellstadt. Die Maßnahmen, die dort gegen die Lichtverschmutzung ergriffen wurden, haben den Stromverbrauch um 20 Prozent gesenkt und sparen der Stadt eine Viertelmillion Euro pro Jahr ein!

Es würde sich also lohnen, die Lichtverschmutzung zu beseitigen. Nicht nur finanziell. Dunkle Nächte sind besser für die Tiere, für die Umwelt und für unsere Gesundheit. Und wir würden etwas zurückbekommen, was wir schon zu lange verloren haben: den Blick auf das Universum. Hier, mitten in der Stadt, neben der hell erleuchteten Bar, werden wir ihn definitiv nicht finden. In Mitteleuropa ist es fast unmöglich, sich weit genug von den hellen Zentren der Zivilisation zu entfernen, um einen echten dunklen Himmel zu sehen. Aber ein wenig Dunkelheit ist besser als gar keine. Setzen wir also unseren Spaziergang fort. Verlassen wir die Stadt und suchen wir uns einen dunklen Ort, an dem wir den Himmel betrachten können. Den langen Weg wollen wir allerdings nicht zu Fuß zurücklegen (wir haben ja auch schon ein paar Kometencocktails getrunken). Am besten rufen wir uns ein Taxi, das uns hinaus vor die Stadt bringen soll.

Teil 4:
Unterm Sternenhimmel

Mit dem Taxi durch die Raumzeit

Hier im Stadtzentrum ist es nicht schwer, ein Taxi zu finden. Wir steigen ein und bitten den Fahrer, uns zu unserem Lieblingsaussichtspunkt zu bringen, auf den Hügeln vor der Stadt. Leider hat er von dem Ort noch nie etwas gehört. Aber zum Glück hat er ein Navigationsgerät. Er gibt das Ziel ein, und sofort beginnt die freundliche Computerstimme, uns aus der Stadt hinauszudirigieren. Aber woher weiß das Navigationsgerät eigentlich, wo sich das Taxi gerade aufhält? Warum ist es in der Lage, uns fast bis auf den Meter genau zu einem bestimmten Ziel zu leiten? Auch dieser Alltagsgegenstand sagt uns etwas über das Universum. Die Funktionsweise des Navigationsgeräts wird von der fundamentalen Struktur von Raum und Zeit selbst bestimmt.

Damit das Navi weiß, wo wir uns gerade befinden, muss es mit Satelliten kommunizieren. Das Global Positioning System (GPS) besteht aktuell aus 32 Satelliten, die in etwa 20 200 Kilometer Höhe die Erde umkreisen. Im Gegensatz zu den Fernsehsatelliten, die wir schon zu Beginn unseres Spaziergangs kennengelernt haben, befinden sie sich also nicht in einem geostationären Orbit (in 35 786 Kilometer Höhe), sondern umkreisen die Erde ein bisschen näher. Vom Boden aus gesehen bewegen sie sich also und stehen nicht immer über demselben Punkt. Ihre Bahnen wurden aber so gewählt, dass zu jedem Zeitpunkt an jedem Ort der Erde mindestens vier von ihnen am Himmel zu sehen sind. Das ist nötig, um eine genaue Position bestimmen zu können. Schaltet man das Navigationsgerät ein, probiert es, per Funksignal mit den Satelliten zu kommunizieren. Empfängt es die Daten eines Satelliten, so wird die Zeit bestimmt, die das Signal vom Satellit bis zum Navi braucht. Da bekannt ist, wie schnell das Signal ist – es bewegt sich mit Lichtgeschwindigkeit –, kann der Empfänger daraus berechnen, wie weit der Satellit entfernt ist. Das Prinzip dieser «Laufzeitmessung» ist leicht zu verstehen. Wenn wir zum Beispiel in einem Auto sitzen und auf der Autobahn konstant mit 100 Kilometern pro Stunde fahren, wissen wir, dass wir uns nach einer Stunde genau 100 Kilometer vom Ausgangsort entfernt haben müssen. Genauso lässt sich die Entfernung aus der Geschwindigkeit des Satellitensignals und der Zeit, die es bis zum Empfänger braucht, berechnen.

Ein Satellit reicht aber noch nicht aus, um einen genauen Ort auf der Erdoberfläche zu bestimmen. Der Empfang eines einzigen Signals sagt uns nur, dass wir uns eine bestimmte Anzahl von Kilometern vom Satellit entfernt befinden. Das könnte theoretisch überall sein. Sagt uns der Satellit zum Beispiel, dass wir genau 20 203,412 Kilometer entfernt von ihm sind, trifft das auf unzählbar viele Orte zu. Würde sich der Satellit im Zentrum einer Kugel befinden, die einen Radius von 20 203,412 Kilometern hat, kämen alle auf der Oberfläche liegenden Punkte in

Frage. Wenn das Navigationsgerät nun aber auch noch die Daten eines zweiten Satelliten empfängt, wird es ein wenig einfacher. Hier lässt sich wieder eine Entfernung berechnen, die eine zweite Kugeloberfläche definiert, auf der wir uns irgendwo befinden müssen. Da wir aber nicht an zwei Orten zugleich sein können, müssen wir uns zwangsläufig an einem der Orte befinden, an denen sich die beiden Kugeloberflächen überschneiden. Wenn wir schließlich noch einen dritten Satelliten hinzunehmen, wird die Sache eindeutig. Die drei Kugeloberflächen mit allen möglichen Entfernungen schneiden sich nun in genau einem Punkt, und das ist der Ort, an dem wir uns befinden!

Es gibt jetzt nur noch ein kleines Problem. Um die Entfernung zu berechnen, müssen wir ja wissen, wie lange das Signal vom Satelliten bis zum Empfänger gebraucht hat. Wie aber messen wir das eigentlich? Woher wissen wir, wann der Satellit das Signal abgeschickt hat?

Zu diesem Zweck hat jeder Satellit eine extrem genaue Atomuhr an Bord, und jedes Signal enthält auch die genaue Uhrzeit, zu der es abgeschickt wird. Damit ist das Problem jedoch immer noch nicht gelöst. Denn wir müssen ebenfalls wissen, wann genau das Signal ankommt. Und das Navi des Taxifahrers enthält mit Sicherheit keine Atomuhr. Eine typische Uhr dieser Art ist so groß, dass sie in einem Auto keinen Platz hätte – und außerdem ziemlich teuer und nicht einfach in einem Laden erhältlich. In Deutschland, Österreich und der Schweiz gibt es insgesamt nur ein knappes Dutzend dieser Geräte.[40] Sie werden an diversen Universitäten und Bundeseinrichtungen betrieben. Im Naviga-

---

40 In Deutschland zum Beispiel an der Physikalisch-Technischen Bundesanstalt in Braunschweig, in Österreich am Bundesamt für Eich- und Vermessungswesen in Wien und in der Schweiz am Bundesamt für Metrologie in Wabern bei Bern.

tionsgerät des Taxifahrers befindet sich nur eine ganz normale Uhr. Die reicht zwar aus, um im Alltag die Zeit zu messen, aber nicht, um die Laufzeit eines GPS-Signals zu bestimmen. Für die knapp 20 000 Kilometer vom Satelliten bis zum Erdboden braucht das Signal nur ein paar Hundertstel Sekunden. Um die Position auf ein paar Meter genau bestimmen zu können, muss man die Zeit sogar noch viel genauer messen können als diese paar Hundertstel Sekunden. Immerhin kann das Licht in einer Sekunde ganze 300 000 Kilometer zurücklegen: Wenn wir bei der Laufzeitmessung einen Fehler von nur 30 Nanosekunden (30 Milliardstel einer Sekunde!) machen, entspricht das schon ungefähr 10 Metern, die wir danebenliegen.

Darum braucht man auch noch einen vierten Satelliten. Die Uhr im Navi weiß die Zeit ja immerhin ungefähr, es kann daher auch ungefähr berechnen, wo wir uns befinden. Doch weil die Zeitmessung zu ungenau ist, macht es bei der Ortsbestimmung einen Fehler. Dieser Fehler lässt sich mit den Daten eines vierten Satelliten korrigieren. Denn jeder Satellit muss am Ende ja zum selben Ergebnis kommen, was die Position des Taxis auf der Erde angeht. Wenn die Ergebnisse unterschiedlich sind, kann das nur an der ungenauen Zeitmessung des Navis liegen. Das Navigationsgerät bestimmt nun zuerst eine vorläufige Position aus den Daten von drei Satelliten. Dann probiert es, die Ankunftszeit so anzupassen, dass auch die Daten des vierten Satelliten die gleiche Position liefern. Das funktioniert nur, wenn die genaue Ankunftszeit gefunden wurde, mit der sich die Position dann exakt bestimmen lässt. All diese Rechnungen macht das Navigationsgerät natürlich automatisch und viel schneller, als man braucht, um sie zu erklären. Da wir uns in einem Auto befinden, das sich bewegt und seine Position ständig verändert, muss sie immer wieder neu berechnet werden. Das Navi im Taxi tauscht mit den Satelliten am Himmel ständig Daten aus und misst, wie lange es dauert, die Signale hin und her zu schicken.

Das GPS-System ist definitiv ein Stück interessante Technik. Aber was hat das alles mit der fundamentalen Struktur von Raum und Zeit zu tun? Es handelt sich ja nur um einen Satelliten, der Daten zu einem Empfänger auf der Erde schickt – was soll daran «fundamental» sein? Um das zu verstehen, müssen wir noch ein wenig über ein paar der vorhin erwähnten Zusammenhänge nachdenken. Wir haben genug Zeit dafür, denn das Navi hat den Taxifahrer gerade in eine Sackgasse gelotst, wir haben uns gründlich verfahren. Die Satelliten wissen eben nur, wo wir uns auf der Erde befinden. Wo die Straßen entlangführen und welche Verkehrsschilder uns auf dem Weg vielleicht umleiten oder ausbremsen, müssen wir selbst herausfinden (manche Navi-Software ist mit solchen Informationen gefüttert und tut dies für uns). Es wird wohl noch ein wenig dauern, bis wir an unserem Beobachtungspunkt über der Stadt ankommen. Also nehmen wir uns die Zeit, zu verstehen, was noch alles passiert, wenn der Satellit mit dem Navigationsgerät kommuniziert. Es lohnt sich!

Dass wir die Laufzeit des Signals messen müssen, um die Position mittels GPS bestimmen zu können, hatten wir ja bereits festgestellt. Bei den Signalen handelt es sich um Funksignale, um Radiowellen. Radiowellen wiederum sind Teil des elektromagnetischen Spektrums, genauso wie das sichtbare Licht, die Infrarotstrahlung, die Mikrowellen und all die anderen Arten von Strahlung, die wir im Lauf unseres Spaziergangs kennengelernt haben. Licht und alle anderen elektromagnetischen Wellen bewegen sich immer mit Lichtgeschwindigkeit; und weil wir diese Geschwindigkeit genau kennen, sind wir in der Lage, aus der Zeit, die das Signal braucht, die Entfernung zu berechnen, die es zurückgelegt hat. Denkt man ein wenig genauer darüber nach, ist das eigentlich ziemlich erstaunlich. Denn die Satelliten im All bewegen sich ja, während sie das Signal aussenden. Das sollte die Geschwindigkeit des Signals doch eigentlich beeinflussen.

Stellen wir uns dazu vor, wir würden in einem Zug sitzen. Uns gegenüber sitzt ein Kind, und weil uns beiden langweilig ist, spielen wir ein bisschen und werfen uns gegenseitig einen Ball zu. Obwohl sich der Zug mit mehr als 100 Kilometern pro Stunde durch die Landschaft bewegt, hat das keine Auswirkungen auf unseren Ball. Unser Spiel könnten wir genauso gut am Bahnhof durchführen; der Ball würde sich aus unserer Sicht genauso schnell beziehungsweise langsam bewegen. Stellen wir uns vor, wir würden an der Spitze des Zuges neben dem Lokführer stehen, ein Freund von uns aber außerhalb des Zuges am Bahnsteig (das Kind lassen wir mal im Abteil weiterspielen). Wenn wir den Ball jetzt aus dem Zug werfen, der in voller Fahrt durch den Bahnhof rauscht, sollte sich unser Freund lieber ducken, anstatt zu probieren, den Ball zu fangen. Denn nun saust er mit mehr als 100 Kilometern pro Stunde auf ihn zu! Der Unterschied zwischen den beiden Situationen ist leicht zu verstehen. Im ersten Fall befinden wir uns, relativ zum Kind, in Ruhe. Wir sitzen beide im gleichen Zugabteil, und dass wir uns mit mehr als 100 km/h durch die Gegend bewegen, spielt keine Rolle. Im zweiten Fall allerdings haben wir uns relativ zu unserem Freund bewegt. Der Ball bewegt sich nun nicht mehr nur mit der Geschwindigkeit, mit der wir ihn werfen, sondern zusätzlich mit der des Zuges. Wenn wir von der Geschwindigkeit sprechen, müssen wir immer eine Information hinzufügen: im Verhältnis zu was wir die Geschwindigkeit messen. Im ersten Fall haben wir die Geschwindigkeit des Balls im Verhältnis zu uns selbst und zum mitspielenden Kind gemessen. Die Bewegung des Zuges spielte keine Rolle, weil wir uns alle gleich schnell bewegt haben. Im zweiten Fall bezieht sich die Geschwindigkeit des Balles auf unseren Freund, der außerhalb des Zuges auf dem Bahnsteig steht. Hier muss die Geschwindigkeit des Zuges berücksichtigt werden.

So sollte es eigentlich auch beim Licht sein, dachten sich die Forscher früher. Lange Zeit wusste man nicht, wie schnell es ist. Es war verdammt schnell, aber ob es tatsächlich unendlich schnell war und sich sofort und ohne Zeitverlust von einem Ort zum anderen ausbreitete oder eben nur sehr, sehr schnell, war unklar. Es dauerte, bis man die technischen Mittel zur Verfügung hatte, um die Ausbreitungsgeschwindigkeit messen zu können. Dabei zeigte sich, dass es sich mit knapp 300 000 Kilometern pro Sekunde bewegt. Das war auch das Ergebnis, zu dem der schottische Mathematiker James Clerk Maxwell im 19. Jahrhundert gelangte. Er war der Erste, dem es gelang, eine vollständige Theorie zur Beschreibung elektromagnetischer Strahlung zu entwickeln. Auch nach ihr sollte sich das Licht mit 300 000 Kilometern pro Sekunde bewegen. Aber relativ zu was? Darüber gab die Theorie keine Auskunft. Um dieses Problem zu lösen, führten die Wissenschaftler den «Lichtäther» ein: eine das gesamte Universum durchdringende Substanz, durch die sich das Licht ausbreitet. Was *genau* der Äther für eine Substanz sein sollte, wusste keiner. Es konnte sich auch niemand etwas vorstellen, das einerseits überall vorhanden ist und Lichtwellen weiterleiten kann, so wie die Luft Schallwellen leitet, aber andererseits komplett unsichtbar ist und keine Auswirkungen auf den Rest des Universums hat. Es war eben einfach irgendein Bezugspunkt vonnöten. Die 300 000 Kilometer pro Sekunde waren dann die Geschwindigkeit des Lichts in Bezug zum Äther.

Wenn es den Äther gibt, müsste man das messen können: Die Erde bewegt sich ja um die Sonne und damit auch durch den ruhenden Äther hindurch. Diese Bewegung müsste die Geschwindigkeit des Lichts beeinflussen. So wie der Ball, von der Spitze des Zuges geworfen, schneller ist, sollte auch das Licht, das in die Bewegungsrichtung der Erde ausgestrahlt wird, schneller sein. Der Physiker Albert Abraham Michelson und der Chemiker Edward Morley wollten diesen Effekt messen. Ende des 19. Jahrhunderts führten sie entsprechende Experimente durch. Sie schickten Lichtstrahlen in verschiedene Richtungen, maßen ihre Geschwindigkeit und kamen immer wieder zum gleichen Ergebnis: Egal, wie sich die Erde bewegt, egal, in welche Richtung das Licht ausgestrahlt wird, Licht bewegt sich immer gleich schnell.

Es brauchte die Genialität von Albert Einstein, um in der Frage der veränderbaren Lichtgeschwindigkeit Klarheit zu schaffen. Wenn die Theorie nicht sagt, in Bezug auf was sich das Licht bewegt, sondern nur die Geschwindigkeit von 300 000 Kilometern pro Sekunde angibt, und wenn Messungen zeigen, dass sich das Licht mit 300 000 Kilometern pro Sekunde bewegt, egal in welche Richtung es ausgestrahlt wird, dann folgt daraus, dass *sich das Licht immer gleich schnell bewegt!* Die Lichtgeschwindigkeit beträgt 300 000 Kilometer pro Sekunde, und es ist egal, welchen Bezugsrahmen man angibt. Wenn ich am Bahnsteig stehe und eine Taschenlampe einschalte, bewegt sich das Licht mit

300 000 Kilometern pro Sekunde von ihr fort. Wenn ich an der Spitze des fahrenden Zugs stehe, bewegt sich das Licht ebenfalls mit 300 000 Kilometern pro Sekunde[41] von der Taschenlampe fort. Selbst wenn ich mit einer Rakete durchs All fliege, die sich mit halber Lichtgeschwindigkeit bewegt, würde das Licht meiner Taschenlampe immer noch genau 300 000 Kilometer pro Sekunde schnell sein. Die Lichtgeschwindigkeit ist konstant.[42] Egal, wie schnell oder langsam man sich bewegt, es hat keine Auswirkungen auf die Geschwindigkeit des Lichts!

Aus Albert Einsteins Behauptung, dass sich Licht immer gleich schnell bewegt, egal in Bezug auf was, ergeben sich weitreichende Konsequenzen, die unser Bild von Raum und Zeit komplett auf den Kopf gestellt haben. Betrachten wir unsere aktuelle Situation. Wir sitzen immer noch im Taxi und fahren durch die Nacht. Seit wir vor der Bar losgefahren sind, haben wir etwa 10 Kilometer zurückgelegt, und es sind etwa 20 Minuten vergangen. Wir haben uns bewegt, Zeit ist verstrichen. Das ist völlig normal und unspektakulär. Wir sind daran gewöhnt, Raum und Zeit als etwas Absolutes zu betrachten; etwas, das immer da ist und sich nie ändert: Der Raum ist für uns eine Art Bühne, auf der alles stattfindet, was im Universum stattfinden kann. Und die Zeit vergeht einfach, Tag für Tag, Stunde für Stunde und Minute für Minute in der immer gleichen Geschwindigkeit. Die unschuldige Behauptung Albert Einsteins, dass die Lichtgeschwindigkeit immer konstant sein muss, wirft all das jedoch über den Haufen! Warum?

Begeben wir uns gedanklich noch einmal zurück in den ra-

---

[41] Exakt sind es übrigens 299 792,458 Kilometer pro Sekunde.
[42] Genau genommen gilt das nur für die Geschwindigkeit des Lichts im Vakuum. In der Luft oder in Wasser bewegt sich das Licht ein klein wenig langsamer.

senden Zug. Wir sitzen mit einer Taschenlampe im Abteil des Lokführers. Unser Freund steht am Bahnsteig. Jetzt wird die Taschenlampe eingeschaltet, ihr Licht bewegt sich durch die Nacht. Aus unserer Sicht spielt es keine Rolle, ob der Zug sich bewegt oder nicht. Wir bewegen uns ja mit ihm mit. Für uns macht es demnach keinen Unterschied, ob wir die Lampe einschalten, während der Zug steht oder während er fährt. In Bezug auf die Taschenlampe bewegen wir selbst uns nicht, wir halten sie ja fest in der Hand. Unser Freund am Bahnhof sieht das aber anders. Steht der Zug, dann bewegt unser Freund sich in Bezug auf die Taschenlampe nicht. Bewegt der Zug sich aber, fahren wir und die Lampe davon, und unser Freund muss stehen bleiben. So weit ist an der Sache noch nichts ungewöhnlich. Wenn wir aber die Geschwindigkeit des Lichts messen wollen, wird es seltsam. Einstein sagt ja, dass das Licht immer mit 300 000 Kilometern pro Sekunde unterwegs ist, egal wer die Messung anstellt. An der Spitze des Zuges in voller Fahrt werden wir für das Licht also exakt die gleiche Geschwindigkeit messen wie unser Freund, der am Bahnsteig steht! Und das, obwohl sich die Taschenlampe aus der Sicht unseres Freundes schnell von ihm entfernt, während sie aus unserer Sicht unbewegt in unserer Hand verharrt. Das scheint ein Widerspruch zu sein, und es gibt nur eine Möglichkeit, ihn aufzulösen.

Um eine Geschwindigkeit anzugeben, müssen wir sagen, wie lange es gedauert hat, eine bestimmte Strecke im Raum zurückzulegen. Im Alltag verwenden wir dafür meistens «Kilometer pro Stunde». Wenn unser Taxi derzeit mit 30 km/h unterwegs ist, legt es 30 Kilometer in einer Stunde zurück. Auch die Lichtgeschwindigkeit beschreibt natürlich, welche Strecke das Licht in einer bestimmten Zeit bewältigen kann. Wenn nun aber die

Geschwindigkeit immer konstant sein muss, folgt daraus sofort, dass Raum und Zeit nicht mehr absolut sein können.

Stellen wir uns vor, der Fußgänger, der gerade draußen an der Ampel wartet, hätte eine Radarpistole und würde damit die Geschwindigkeit unseres Taxis messen. Er stellt fest, dass wir mit 30 km/h an ihm vorbeifahren. Der Autofahrer, der gerade auf dem Fahrstreifen neben uns fährt, könnte ebenfalls so eine Messung anstellen. Da er sich im Gegensatz zum Fußgänger aber bewegt, wird er ein anderes Ergebnis erhalten. Wenn unser Taxi 30 km/h fährt und der Fahrer neben uns mit 29 km/h unterwegs ist, dann scheinen wir aus seiner Sicht nur langsam voranzukommen. Er würde bei uns nur eine Geschwindigkeit von 1 km/h messen. Da der Fußgänger steht und der Autofahrer sich bewegt, können sie bei der Messung der Geschwindigkeit unseres Taxis nicht zum gleichen Ergebnis kommen.

Wenn es um fahrende Autos geht, ist das nicht weiter bemerkenswert. Aber wenn es keine Autos sind, die sich bewegen, sondern ein Lichtstrahl, dann gilt das, was Albert Einstein sagt: Licht bewegt sich immer gleich schnell, egal, wer die Messung durchführt und wie schnell er selbst sich dabei bewegt! Wenn der Fußgänger und der Autofahrer also nicht die Geschwindigkeit unseres Taxis messen würden, sondern die eines vorbeifliegenden Lichtstrahls, müssten sie beide zu exakt dem gleichen Ergebnis kommen, obwohl der eine still neben der Straße steht, der andere aber im Auto sitzt und sich bewegt. Es gibt nur einen Weg, wie das möglich sein kann: Die Zeit selbst läuft für den Fußgänger und den Autofahrer unterschiedlich schnell ab!

Der Fußgänger an der Ampel und der Fahrer auf der Nebenspur bewegen sich in Bezug auf uns mit verschiedenen Geschwindigkeiten. Wenn sie aber, wie von Einstein gefordert, trotzdem die gleiche Geschwindigkeit messen, funktioniert das nur, wenn die Zeit für sie nicht gleich schnell abläuft. Im Ergebnis bedeutet das: Je schneller man sich bewegt, desto langsamer vergeht die Zeit! Bewegung hängt in diesem Fall immer vom Bezugssystem ab. Rein physikalisch macht es keinen Unterschied, ob sich ein Auto an einem stehenden Fußgänger vorbeibewegt oder ob wir uns im Auto als Ruhepol ansehen und uns vorstellen, die ganze Welt inklusive des Fußgängers draußen würde sich an uns vorbeibewegen. Alles ist relativ. Aus Sicht des Fußgängers vergeht die Zeit für den bewegten Autofahrer langsamer. Aus Sicht des Autofahrers ist es die Zeit des «bewegten» Fußgängers, die langsamer vergeht. Zeit und Raum sind nicht absolut und für alle gleich, sondern hängen davon ab, mit welcher Geschwindigkeit man sich durch das Universum bewegt!

Diese Erkenntnis bildet die Grundlage von Albert Einsteins «spezieller Relativitätstheorie», die er 1905 veröffentlichte, und sie scheint unserer Erfahrung komplett zu widersprechen. Für uns vergeht die Zeit immer gleich schnell, egal, ob wir in einem Düsenjet über den Himmel sausen oder reglos im Fernsehsessel sitzen. Das liegt allerdings nur daran, dass die Unterschiede in der Zeit bei solchen Geschwindigkeiten enorm gering sind. Erst wenn wir uns fast so schnell wie das Licht bewegen könnten, würden wir merken, dass die Zeit langsamer verläuft. 1971 schickte man vier extrem genaue Atomuhren an Bord eines Flugzeugs zweimal um die Welt und verglich sie danach mit Atomuhren, die währenddessen am Boden geblieben waren. Und tatsächlich zeigten die Uhren aus dem Flugzeug eine andere Uhrzeit an als die ruhenden Uhren. Der Unterschied betrug nur wenige Nanosekunden, war aber exakt so groß, wie ihn Albert Einstein vorhergesagt hatte.

Die Effekte der Relativitätstheorie wurden in den letzten Jahrzehnten immer und immer wieder im Experiment bestätigt. Auch wir führen gerade so ein Experiment durch. Denn der Satellit, der das Navi des Taxifahrers mit Informationen über unseren Standort versorgt, bewegt sich ja ebenfalls. Er fliegt mit knapp 3,9 Kilometern pro Sekunde um die Erde. Die Zeit vergeht aus unserer Sicht für ihn also langsamer als für uns, und auch wenn der Effekt winzig ist, darf man ihn nicht ignorieren. Wir haben ja vorhin schon gesehen, dass die Messung der Signallaufzeit auf wenige Nanosekunden genau sein muss, wenn wir unsere Position ausreichend exakt bestimmen wollen. Wenn wir das Navigationsgerät benutzen, müssen wir diesen Effekt der Relativitätstheorie berücksichtigen. Dass das unscheinbare Kästchen am Armaturenbrett des Taxis funktioniert und unsere exakte Position anzeigt, hat also einen ganz konkreten Grund: Raum und Zeit sind nicht absolut. Für den Satelliten, der die Signale an das Navi sendet, vergeht die Zeit langsamer als für uns, die wir im Auto die Straße entlangfahren. Das mag unwahrscheinlich erscheinen, aber die Realität ist tatsächlich so beschaffen. Das Navigationsgerät demonstriert es uns eindrücklich. Es zeigt uns aber eine noch viel seltsamere Eigenschaft des Universums.

Auf dem kürzesten Weg von A nach B

Einsteins spezielle Relativitätstheorie erklärt uns, dass die Zeit anders vergeht, wenn wir uns bewegen. Seine Theorie trägt aber nicht umsonst den Zusatz «speziell». Das ist sie insofern, als sie den Einfluss der Gravitation nicht berücksichtigt. Der GPS-Satellit bewegt sich ja um die Erde, weil er von ihrer Gravitationskraft beeinflusst ist. Die spezielle Relativitätstheorie kann uns zwar sagen, wie sich die Zeit des Satelliten verändert, weil er sich in Bezug auf uns mit hoher Geschwindigkeit bewegt. Aber sie kann nicht erklären, welchen Einfluss die Schwerkraft auf Raum und Zeit ausübt. Einstein bemühte sich natürlich, dieses Problem zu lösen und eine allgemeine Theorie zu entwickeln, in der alle Arten von Bewegungen berücksichtigt werden können, auch solche, die von der Gravitationskraft beeinflusst werden.

Dazu machte er sich erst mal Gedanken darüber, was die Schwerkraft eigentlich ist. Isaac Newton und Johannes Kepler konnten zwar mathematisch erklären, wie sich Himmelskörper verhalten, die sich gegenseitig gravitativ anziehen. Was die Schwerkraft genau war und warum sie sich so verhielt, wie sie es tat, wussten sie allerdings nicht. Albert Einstein ging bei seinen Überlegungen von einem einfachen Gedanken aus: Schwerkraft und Beschleunigung scheinen irgendwie dasselbe zu sein.

Dieses Phänomen erfahren wir im Taxi gerade am eigenen Leib. Solange das Auto mit gleichmäßiger Geschwindigkeit durch die Stadt fährt, sitzen wir ganz gemütlich. Doch sobald der Fahrer vor einer roten Ampel bremst oder aufs Gas tritt, wenn die Ampel wieder grün wird, spüren wir eine Kraft, die uns nach vorne oder nach hinten in den Sitz drückt. Das wäre auch der Fall, wenn das Taxi nicht eine Straße entlangfahren, sondern durchs All fliegen würde. Stellen wir uns vor, wir befinden uns in einer Rakete, die fern von Planeten und Sternen durch den Weltraum saust. Die Triebwerke sind so eingestellt, dass unser Raumschiff seine Geschwindigkeit in jeder Sekunde um 9,81 Meter pro Sekunde erhöht. Es wird also immer schneller; die Beschleunigung ist aber konstant. So wie wir im Auto in den Sitz gedrückt werden, werden wir hier gegen den Boden der immer schneller werdenden Rakete gedrückt. Die Kraft, die wir dabei spüren, ist in diesem Fall genauso stark wie die, die uns auf die Erdoberfläche «drückt». Es ist die sogenannte Erdbeschleunigung, die ebenfalls 9,81 Meter pro Sekunde pro Sekunde beträgt: Alles, was auf der Erde zu Boden fällt, erhöht seine Geschwindigkeit wegen der Anziehungskraft der Erde in jeder Sekunde um 9,81 Meter pro Sekunde. Wir wären im Raumschiff also nicht schwerelos, sondern würden uns genauso fühlen wie auf der Erde.

Albert Einstein hat diesen Gedanken weitergedacht: Hätte unsere Rakete keine Fenster und wir damit keine Möglichkeit, Informationen über das einzuholen, was sich außerhalb von ihr befindet, wäre es für uns unmöglich herauszufinden, ob wir uns in einer Rakete mit konstanter Beschleunigung oder in einem abgeschlossenen Raum auf der Erde befinden. Es gibt keinen Unterschied zwischen der Gravitationskraft, die ein Himmelskörper wie die Erde ausübt, und der Kraft, die wir dank einer konstanten Beschleunigung spüren. Ausgehend von diesem «Äquivalenzprinzip» war es Einstein schließlich möglich, auch die Schwerkraft in seine Theorie einzubeziehen. Es zeigte sich, dass auch sie Einfluss auf den Verlauf der Zeit hat.

Unser Taxi hat gerade vor einer Ampel angehalten. Wir bewegen uns nicht und sitzen ganz entspannt auf der Rückbank. Trotzdem werden wir beschleunigt. Die Erde zieht uns zu jedem Zeitpunkt mit ihrer Schwerkraft an. Würden wir aussteigen, auf das Dach des Taxis klettern und vom Auto springen, würden wir das sofort merken. Anstatt regungslos in der Luft zu schweben, fallen wir natürlich sofort zurück auf den Boden. Aber nicht weiter! Der Boden stoppt unseren Fall. Das tut er nicht nur, wenn wir irgendwo hinunterspringen, sondern immer. Wir «wollen» eigentlich immer weiter fallen, können es aber nicht, weil der Boden gegen unsere Füße «drückt» und so eine Gegenkraft ausübt, dank der wir das Gefühl haben, unbewegt und ruhend auf dem Erdboden zu stehen. In Wirklichkeit unterliegen wir aber permanent der Erdbeschleunigung, und das hat Einfluss auf den Verlauf der Zeit! Wir wissen ja schon, dass für Objekte, die sich schnell bewegen, die Zeit anders vergeht. Und da nach Albert Einstein Beschleunigung und Gravitationskraft dasselbe sind, gilt das auch für Objekte, auf die eine Gravitationskraft wirkt.

Der GPS-Satellit befindet sich in 20 200 Kilometern Höhe. Die Anziehungskraft der Erde ist dort oben schwächer als unten am Boden. Und deswegen vergeht die Zeit dort oben auch *schneller* als hier bei uns: Im Vergleich zu uns vergeht die Zeit für den Satelliten aus zwei Gründen anders: einmal, weil er sich schneller bewegt als wir, und einmal, weil die Gravitationskraft der Erde auf ihn nicht so stark wirkt wie auf uns. Der Effekt ist winzig. Insgesamt gehen die Uhren des Satelliten um nur 0,0000000444 Prozent schneller, als es eine Uhr auf der Erdoberfläche tun würde. Aber diese kleine Abweichung muss berücksichtigt werden, damit uns das Navi nicht in die Irre führt.

Das Navigationsgerät des Taxis hat eine weitere Überraschung für uns parat. Es verrät uns auch noch etwas über die *Form* des Raums. Auf dem kleinen Bildschirm des Navis sehen wir einen Stadtplan, der uns zeigt, wo wir uns gerade befinden. Die kürzeste Verbindung zwischen zwei Punkten in der Stadt wäre eigentlich eine gerade Linie. Das hilft uns allerdings nicht weiter, denn da stehen überall Häuser im Weg, durch die wir nicht einfach durchfahren können. Aber selbst wenn wir uns in der Wüste befänden oder nicht in einem Auto, sondern in einem Hubschrauber sitzen würden, wäre die kürzeste Verbindung auf dem Stadtplan trotzdem keine exakt gerade Linie. Denn die Erde ist keine flache Scheibe, wie uns der Plan suggeriert, sondern eine Kugel. Und da funktionieren die Dinge ein wenig anders. Wir kennen das aus dem Flugzeug. Wenn wir von Europa nach Amerika fliegen, macht die Maschine einen großen Bogen in Richtung Norden und fliegt die USA über Island und Kanada an. Auf den meisten Landkarten sieht das wie ein großer Umweg aus, aber das liegt nur daran, dass sie die Welt flach abbilden, so wie es auch das Navigationsgerät tut. Wenn wir uns hingegen einen Globus vorstellen, sehen wir sofort, warum das Flugzeug diesen komischen Bogen macht.

Als wir heute Morgen vor unserer Haustür standen und über den Ursprung des Windes nachgedacht haben, ist uns schon aufgefallen, dass man am Äquator länger braucht, um die Erde zu umrunden, als weiter nördlich oder südlich. Je weiter man nach Norden oder Süden kommt, desto kürzer ist der Weg, den man für eine Umrundung zurücklegen muss. Wenn wir zum Beispiel von Lissabon in Portugal aus nach New York in die USA reisen wollen, sieht es auf den meisten Landkarten so aus, als müssten wir einfach nur geradeaus nach Westen fliegen. Beide Städte liegen sich ja fast gegenüber. Das macht das Flugzeug aber nicht. Es fliegt zuerst ein wenig nach Norden. Denn dort ist der Weg zur anderen Seite der Erde kürzer, selbst wenn man berücksichtigt, dass der Flieger später wieder ein wenig nach Süden fliegen muss, um New York zu erreichen. Auf der Oberfläche der Erdkugel ist also eine «gebogene» Linie (ein sogenannter Großkreis) die kürzeste Entfernung zwischen zwei Punkten. Und wenn wir die Linie auf einem Globus anstatt auf einer Landkarte betrachten, sehen wir, dass sie eigentlich gar nicht gebogen ist. Wenn wir die Entfernung mit einer Schnur nachmessen, bräuchten wir auf vermeintlich «direktem» Weg eine längere Schnur als auf der «gebogenen» Flugbahn. Der kürzeste Weg von A nach B sieht auf den Landkarten nur deswegen gebogen aus, weil sie flach sind. Erst auf einem Globus sehen wir, dass die «gebogene» Linie tatsächlich der kürzeste und «gerade» Weg ist.

Und wie sieht es allgemein im Universum aus? Welchen Weg nimmt zum Beispiel ein Lichtstrahl, wenn er von A nach B will? Hier müssen wir berücksichtigen, dass Raum und Zeit keine absoluten Größen mehr sind, wie uns Albert Einstein – und unser Navigationsgerät – eindrücklich gezeigt hat. Beides hängt miteinander zusammen und beeinflusst sich gegenseitig.

Wir können den Weg durch den Raum nicht vom Weg durch die Zeit trennen. Deswegen hat Einstein das Konzept der «Raumzeit» geschaffen. Das klingt komplizierter, als es ist. Unsere Taxifahrt ist zum Beispiel einerseits eine Fahrt durch den Raum – wir bewegen uns von der Bar im Zentrum bis zum Aussichtspunkt vor der Stadt und legen dabei eine bestimmte Strecke zurück –, andererseits aber auch durch die Zeit. Wir sind zu einer bestimmten Uhrzeit losgefahren und kommen zu einer bestimmten anderen Uhrzeit an (hoffentlich bald, wenn der Fahrer sich nicht noch einmal verfährt). Wir haben uns also durch die Raumzeit bewegt, von Ort A und Zeitpunkt A zu Ort B und Zeitpunkt B. Und weil wir mittlerweile wissen, dass die Bewegung durch den Raum den Ablauf der Zeit beeinflusst, ist es nicht mehr ganz so einfach, den «kürzesten» Weg zu finden.

Als wir vor der Bar auf das Taxi gewartet haben, sind wir 2 Minuten lang neben der Straße gestanden und haben uns nicht bewegt. Zumindest nicht im Raum.[43] Unsere «Bewegung» durch die Raumzeit fand in diesen zwei Minuten nur durch die Zeit statt. Von Zeitpunkt A haben wir uns zu Zeitpunkt B bewegt, der zwei Minuten in der Zukunft lag. Stellen wir uns vor, eine Überwachungskamera (die sind ja mittlerweile überall) hätte uns beim Warten gefilmt. Dann könnten wir den Film in einzelne Bilder zerlegen und sie alle nebeneinander aufreihen. Im ersten Bild sähe man, wie wir an der Straße stehen und auf ein Taxi warten. Das zweite Bild zeigt uns eine Sekunde später, wie wir immer noch an der Straße stehen und auf ein Taxi warten. Das dritte Bild, wieder eine Sekunde später, zeigt dasselbe. Es ist ein recht langweiliger Film ... Aber zumindest veranschaulicht er unseren Weg durch die Raumzeit recht gut. Der Weg beginnt ganz links beim ersten Bild und endet ganz rechts, beim Bild, das uns zwei Minuten später zeigt, als das Taxi endlich angekommen ist. Die Linie zwischen diesen beiden Punkten in der Raumzeit verläuft von links nach rechts und ist gerade. Was würde passieren, wenn wir probieren, sie irgendwie zu verkürzen?

Der Start- und der Endpunkt sind ja fixiert. Startpunkt A ist der Zeitpunkt, an dem wir vor die Bar getreten sind, und der Endpunkt B liegt zwei Minuten in der Zukunft, als das Taxi gerade ankommt. Wir können also nicht einfach ein anderes Taxi nehmen, das früher oder später ankommt, unser Weg durch die Zeit ist vorgegeben. Aber es gibt natürlich trotzdem jede Menge andere Wege, um von A nach B durch die Raumzeit zu gelangen. Als wir auf das Auto gewartet haben, stand neben uns eine Frau,

---

43 Dass wir uns in der Zwischenzeit mitsamt der Erde durch den Weltraum bewegt haben, ignorieren wir einfach. Für die folgenden Erklärungen spielt es keine Rolle.

die ebenfalls ein Taxi nehmen wollte. Sie hatte aber keine Lust, in aller Ruhe zu warten, sondern ist schnell auf die andere Straßenseite gelaufen, um sich dort im Kiosk einen Espresso zu kaufen. Dann kam sie wieder zurück, gerade als wir in das Taxi gestiegen sind. Ihr Weg durch die Raumzeit verlief also ebenfalls von Punkt A nach Punkt B, allerdings hat sie sich im Gegensatz zu uns dabei bewegt. War ihr Weg durch die Raumzeit nun also kürzer als unserer?

Um das zu klären, schauen wir uns wieder die Bilder der Überwachungskameras an. Auch die Frau wurde gefilmt, und auch von ihrem Weg existieren jede Menge Einzelbilder, die wir wie vorhin nebeneinanderlegen können: sodass ganz links das Bild liegt, das die Frau zeigt, wie sie noch neben uns am Straßenrand wartet, und ganz rechts das Bild, das sie zeigt, als sie gerade wieder zurückkommt und wir in das Taxi steigen.

Betrachten wir die Bilder also von links nach rechts, dann sehen wir ihren Weg durch die *Zeit*. Das reicht in diesem Fall aber nicht, denn die Frau hat sich im Gegensatz zu uns ja auch durch den *Raum* bewegt. Im nächsten Bild der Überwachungskamera stehen wir noch immer am Platz, die Frau allerdings hat sich von uns entfernt und ist gerade dabei, die Straße zu überqueren. Im dritten Bild ist sie am Kiosk angekommen und trinkt ihren Kaffee. Bild 4 zeigt sie auf dem Rückweg zur anderen Straßenseite, und auf Bild 5 ist sie wieder neben uns angekommen (siehe das Diagramm auf Seite 191).

Wenn wir all die Bilder nebeneinanderlegen, sehen wir den Unterschied der beiden Wege durch die Raumzeit. Wir stehen einfach nur herum, und die Linie, die unseren Weg von A nach B zeigt, verläuft gerade von links nach rechts. Die Linie, die den Weg der Frau zeigt, ist hingegen krumm. Denn sie bewegt sich ja von uns weg, in der Reihe der nebeneinandergelegten Bilder wird der Abstand zwischen ihr und uns zuerst immer größer und, als sie vom Kiosk zurückkommt, wieder kleiner.

Ihr Weg durch die Raumzeit verlief also entlang einer gebogenen Linie. Er ist länger als bei uns, denn wir haben uns nicht bewegt. Wir müssen aber aufpassen, dass wir Worte wie «länger» oder «kürzer» nicht im alltäglichen Sinn verwenden. Es geht hier nicht um rein räumliche Abstände zwischen zwei Punkten oder die rein zeitliche Dauer zwischen zwei Ereignissen, sondern um Abstände in der kombinierten Raumzeit. Den Unterschied merkt man schnell, wenn wir überlegen, was mit der Zeit passiert.

Wir haben einfach nur gewartet und uns dabei nicht durch den Raum bewegt. Zwei Minuten sind für uns vergangen, nichts ist währenddessen passiert. Die Frau aber hat sich bewegt. Sie ist zum Kiosk gegenüber gelaufen. Und Einsteins spezielle Relativitätstheorie sagt uns, dass Bewegung einen Einfluss auf den Verlauf der Zeit hat. Aus unserer Sicht vergeht die Zeit für die sich bewegende Frau langsamer. Aus Sicht der Frau ist es genau umgekehrt. Für sie vergeht die Zeit schneller als für uns. Die Zeit, die für sie vergangen ist, war *kürzer* als zwei Minuten. Ihr insgesamt längerer, weil gebogenerer Weg durch die Raumzeit ist also einer, entlang dem die vergehende Zeit kürzer ist. Der kürzeste Weg durch die Raumzeit ist aber der, bei dem wir uns nicht bewegen. Also der, bei dem die Zeit so langsam wie möglich vergeht. Das mag wie ein Widerspruch klingen, ist aber keiner, weil es ja um den kürzesten Weg in der *Raumzeit* geht und nicht um die kürzeste Dauer zwischen zwei Ereignissen.

Das ist alles ein wenig verwirrend, und daher ist es auch nicht verwunderlich, dass Einstein noch ein paar Jahre brauchte, um komplett auszuarbeiten, was das alles zu bedeuten hat. Die Konsequenzen sind allerdings höchst überraschend. Wenn ein Lichtstrahl (oder irgendetwas anderes) sich von A nach B durch die Raumzeit bewegt, nimmt er dabei immer den Weg, auf dem für ihn die längste Zeit vergeht. Als wir vorhin über den GPS-Satelliten und den Einfluss der Gravitation nachgedacht haben, haben wir auch festgestellt, dass die Zeit umso langsamer vergeht, je stärker die Gravitationskraft wirkt. Je näher man zum Beispiel der Erde kommt, desto langsamer vergeht die Zeit. Ein Lichtstrahl, der den kürzesten Weg durch die Raumzeit nehmen will und an der Erde vorbeifliegt, wird sich also zu ihr hinbewegen, denn in ihrer Nähe vergeht die Zeit langsamer. Die Erde zieht den Lichtstrahl (und alles andere ebenfalls) quasi an. Das machen natürlich auch alle anderen Planeten und Sterne. Da dank ihrer Gravitationskraft in ihrer Nähe die Zeit langsamer vergeht, *verzerren* sie die Raumzeit. Lichtstrahlen und alle anderen Objekte, die durchs All fliegen, folgen diesen Verzerrungen. Der GPS-Satellit, der die Erde umkreist, tut das also deswegen, weil die Erde die Raumzeit ein klein wenig gekrümmt hat. So wie eine Murmel in einem Trichter immer im Kreis herumläuft, bewegt sich der Satellit um den «Trichter», den die Erde in der Raumzeit erzeugt hat. Das, was wir als «Gravitationskraft» ansehen, ist also nur die Auswirkung der gekrümmten Raumzeit auf die Bewegung der Himmelskörper!

Es ist überraschend, was alles hinter so einem kleinen und unscheinbaren Gerät wie dem Navi des Taxifahrers steckt. Es zeigt uns nicht nur den richtigen Weg durch die Stadt, sondern auch, dass Raum und Zeit keine absoluten Größen sind und sich vielmehr gegenseitig beeinflussen. Das Navi macht uns klar, dass die Zeit nicht für alle gleich vergeht, sondern dass es davon abhängt, wie schnell man sich bewegt. Schließlich wird an seinem Beispiel die fundamentale Struktur von Raum und Zeit deutlich – und wie die Krümmung der Raumzeit die Bewegung aller Objekte im Universum beeinflusst. Ganz schön viel für etwas, für das man in einem Elektroladen kaum mehr als 100 Euro bezahlen muss ...

Bezahlen müssen nun auch wir. Das Taxi hält. Wir sind an unserem Lieblingsort draußen vor der Stadt angekommen Das Navigationsgerät hat uns auf dem Weg hierhin gezeigt, dass das Universum ganz anders ist, als wir es uns vorgestellt haben. Hier draußen ist es nun endlich dunkel genug, um es auch vernünftig sehen zu können. Schauen wir also hinauf in den Himmel und sehen wir nach, was uns der Kosmos zu bieten hat!

Weißt du, wie viel Sternlein stehen ...?

Doch erst mal warten wir, bis das Taxi um die Ecke gebogen und das Licht seiner Scheinwerfer verschwunden ist. So, endlich dunkel. Und über uns funkeln die Sterne! Gänzlich von irdischen Lichtquellen verschont ist der Himmel zwar immer noch nicht – über der fernen Stadt sehen wir deutlich die helle Glocke des Lichtsmogs hängen –, doch hier sehen wir nicht mehr nur eine Handvoll heller Sterne, sondern dazwischen auch viele kleinere, die uns vorher entgangen sind. Das alte Kinderlied kommt uns in den Sinn: «Weißt du, wie viel Sternlein stehen ...?» Es scheinen viel zu viele zu sein, um sie zählen zu können. Trotzdem haben es die Astronomen natürlich getan. Schon in der Antike zählten sie all die Sterne, die sie mit bloßem Auge sehen konnten. Heute wissen wir, dass es insgesamt ungefähr 6000 Sterne sind, die wir ohne Hilfsmittel zu beobachten in der Lage sind. Allerdings nicht alle auf einmal. Die Hälfte der Sterne ist nur von der Südhalbkugel der Erde aus sichtbar, viele Sterne, die sich ganz in der Nähe des Horizonts befinden, werden normalerweise durch Berge, Bäume oder Häuser verdeckt. Und selbst wenn man sich zum Beispiel auf offener See befindet und einen perfekten Rundumblick hat, sind manche Sterne nur unter optimalen Bedingungen an einem komplett dunklen Himmel zu sehen. In einer klaren und dunklen Nacht sind es daher meistens nur ca. 2000 Sterne, die man mit bloßem Auge erblickt. Hier und heute sind es deutlich weniger: Völlig dunkle Nächte gibt es in Mitteleuropa nicht mehr, schon gar nicht so nahe an der Stadt.

Trotzdem ist der Anblick der vielen funkelnden Sterne am Nachthimmel beeindruckend. Aber warum funkeln die Sterne eigentlich? Die Sterne selbst senden ihr Licht gleichmäßig aus. Es gibt zwar viele sogenannte veränderliche Sterne, die mal heller und mal dunkler werden. Das kann man jedoch nur mit geeigneten Messgeräten beobachten. Oder diese Veränderungen laufen viel langsamer ab als das schnelle Funkeln. Das unregelmäßige Flackern gewinnt das Sternenlicht erst auf dem letzten Stück seines Weges. Nachdem es Billiarden Kilometer durch das leere All zurückgelegt hat, trifft es schließlich auf die Atmosphäre der Erde. Die Luft lenkt das Licht ein klein wenig ab – diesen Effekt haben wir bereits kennengelernt, als wir uns in der Bar Gedanken über den Sonnenuntergang gemacht haben. Die Luft ist aber auch ständig in Bewegung – gerade in der Nähe des Erdbodens geht es oft ziemlich turbulent zu. Der Lichtstrahl des Sterns wird mal hierhin und mal dorthin abgelenkt. Wir beobachten darum keinen ruhigen Lichtpunkt, sondern einen funkelnden und flackernden Stern.

In manchen Nächten nimmt man einige Lichter am Himmel wahr, die hell, klar und ruhig leuchten. Das sind die Planeten. Mit bloßem Auge kann man Merkur, Venus, Mars, Jupiter und Saturn erkennen. Mit Ausnahme des kleinen Merkur, der nur schwer zu sehen ist, sind die anderen Planeten äußerst hell. Manche, wie z. B. die Venus, kann man gar nicht übersehen. Unser Nachbarplanet ist nach Sonne und Mond das dritthellste Objekt am Himmel.[44] Aber warum flackert das Licht der Planeten nicht? Genauso wie das Sternenlicht muss es ja ebenfalls die Atmosphäre der Erde durchdringen und ist dabei Turbulenzen ausgesetzt.

Der Grund liegt in der Entfernung. Die am Himmel sichtbaren Planeten sind alle Teil des Sonnensystems. So wie die Erde umkreisen sie die Sonne. Ganz innen der Merkur, dann Venus und Erde, dahinter Mars, Jupiter und Saturn (außen noch Uranus und Neptun, aber die kann man mit bloßem Auge nicht sehen). Natürlich sind auch die Planeten enorm weit entfernt, zumindest, wenn wir menschliche Maßstäbe anlegen – die Venus ist zum Beispiel gewaltige 40 Millionen Kilometer entfernt und der Saturn ganze 746 Millionen Kilometer! Das ist aber immer noch verschwindend wenig, wenn wir die Abstände zu den Sternen messen. Bis zum nächstgelegenen Stern – er heißt passend Proxima Centauri – sind es unvorstellbare 40 Billiarden Kilometer. Das ist 270 000 Mal so viel wie der Abstand zwischen Erde und Sonne, selbst das schnelle Licht braucht mehr als 4 Jahre, um diese Distanz zurückzulegen. Und alle anderen Sterne, die wir am Himmel sehen können, sind noch viel, viel weiter entfernt.

---

[44] Wenn die Venus wieder mal besonders hell leuchtet und man genau weiß, wohin man blicken soll, kann man sie sogar am Taghimmel beobachten.

Sterne sind enorm große Gasbälle. Auf diese Entfernungen sehen wir von ihnen jedoch nicht mehr als einen kleinen Punkt. Selbst mit den großen Teleskopen der Astronomen ist nicht mehr zu erkennen. Die nahen Planeten dagegen tauchen schon in kleinen Ferngläsern nicht mehr als Punkte, sondern als helle Scheibchen auf. Uns kommen sie aber trotzdem wie Punkte vor, da sie so hell strahlen und wir die Details nicht wahrnehmen können.

Das Licht eines Sterns gelangt also nur von einem einzigen Punkt des Himmels zu uns und wird dabei durch die turbulenten Luftschichten abgelenkt: Der Stern funkelt. Das Licht der Planeten stammt nicht von einem winzigen Punkt am Himmel, es beginnt seinen Weg zu unserem Auge an verschiedenen Orten des Planetenscheibchens. Von dort aus nehmen die Strahlen des Planetenlichts (es handelt sich natürlich um reflektiertes Licht unserer Sonne) nicht nur einen Weg durch die Atmosphäre, sondern verschiedene, auf denen sie auch verschieden stark abgelenkt werden. Die vielen zufälligen Störungen des Lichtstrahls heben sich insgesamt gegenseitig auf, am Ende sehen wir ein ruhiges Bild (es sei denn, es stürmt gerade gewaltig, dann können auch schon mal die Planeten anfangen zu flackern).

Astronomen nennen diese spezielle Qualität der Luft «Seeing». Gutes Seeing bedeutet, dass die Luft ruhig ist und sogar Sterne kaum flackern. Das ist wichtig für die astronomische Forschung, schließlich möchte sie möglichst scharfe und exakte Bilder machen. Ein flackernder Stern macht das aber unmöglich; er «springt» während der Aufnahme ständig hin und her, am Ende hat man ein verschmiertes und unscharfes Bild. Um das zu vermeiden, gibt es mehrere Methoden. Man kann sich auf hohe Berge zurückziehen. Weiter oben ist die Luft nicht so turbulent wie in Bodennähe. Deswegen befinden sich die großen wissenschaftlichen Einrichtungen der Astronomen alle auf Bergen oder Hochebenen, zum Beispiel in der chilenischen Wüste oder auf den Gipfeln der Vulkane von Hawaii, wo die Teleskope in über 4000 Meter Höhe stehen. Man kann natürlich *noch* höher hinausgehen, bis in den Weltraum. Dort gibt es gar keine Luft mehr, die stören kann, und das ist auch ein Grund, warum zum Beispiel die Bilder des Hubble-Weltraumteleskops so enorm scharf und beeindruckend sind, selbst wenn das Weltraumteleskop im Vergleich zu den Teleskopen auf der Erde recht klein ist.[45] Weltraummissionen sind allerdings teuer, und wenn im All einmal irgendwas kaputtgeht, ist es schwer bis unmöglich, es wieder zu reparieren. Darum hat man sich auch auf der Erde Methoden überlegt, um mit dem schlechten Seeing umzugehen. Viele Sternwarten benutzen sogenannte adaptive Optiken. Dabei wird mit einem sehr starken Laser ein heller Lichtpunkt an den Himmel projiziert. Dieser künstliche Stern flackert dann ebenso wie ein echter. Das Flackern des Lasersterns kann aber exakt vermessen werden. Die Daten werden an einen großen Computer geschickt, der sie an den Spiegel des Teleskops weiterleitet. Der wiederum ist nicht starr, sondern kann verformt werden. Wenn er exakt die richtige Form hat, kann er die Störung im Licht, die das Flackern verursacht, ausgleichen. Das schafft er jedoch nur, wenn er seine Form bis zu hundert Mal in der Sekunde verändert (die Änderungen sind allerdings minimal und mit bloßem Auge nicht zu erkennen). Der Spiegel

---

[45] Der Teleskopspiegel von Hubble hat einen Durchmesser von nur 2,4 Metern, während zum Beispiel der Spiegel des Keck-Teleskops auf Hawaii 10 Meter durchmisst.

des Teleskops flackert quasi mit dem Stern mit und erzeugt so am Ende ein ruhiges Bild.

Unser Auge ist technisch nicht so gut ausgerüstet. Wir müssen uns weiter mit den flackernden Sternen begnügen. Das sollte aber kein Problem sein. Erstens sehen die funkelnden Sterne schön aus, und zweitens ist es so leichter, Sterne von Planeten zu unterscheiden. Es gibt da oben natürlich auch noch einige künstliche Himmelskörper, Satelliten zum Beispiel. Die sind zwar noch kleiner als Planeten, aber auch viel näher; meistens nur ein paar hundert Kilometer entfernt. Auch sie flackern daher nicht, sondern leuchten ruhig. Man kann sie trotzdem leicht identifizieren, weil sie sich im Gegensatz zu Sternen und Planeten rasch über den Himmel bewegen. Da sie außerdem auf ihrer Bahn um die Erde immer nur für kurze Zeit von der Sonne angestrahlt werden, verschwinden sie schnell wieder. Ein typischer Satellit taucht plötzlich irgendwo am Himmel auf, zieht seine Bahn und wird dann ebenso plötzlich wieder dunkler und verschwindet ganz.[46]

Also: Wenn es funkelt, dann ist es ein Stern. Leuchtet es hell und ruhig, dann sehen wir einen Planeten. Zieht ein ruhiges Licht schnell über den Himmel, dann haben wir einen Satelliten beobachtet (und wenn wir ein blinkendes Licht sehen, das sich schnell über den Himmel bewegt, dann ist es ein Flugzeug ...).

---

46 Online-Dienste wie Heavens Above (http://heavens-above.com) zeigen detailliert, wann und wo welche künstlichen Himmelskörper zu beobachten sind. Hier lässt sich auch nachträglich noch herausfinden, welcher Satellit es genau war, den man gesehen hat.

Der Mond und die Menschen

Den Himmelskörper, der sich gerade über die Bäume schiebt, erkennen wir allerdings problemlos. Groß, schön und heller als alles andere, was es am Nachthimmel zu sehen gibt, geht der Mond auf. Während unseres Spaziergangs haben wir erfahren, wie der Mond die Rotation der Erde bremst und wie er vor 4,5 Milliarden Jahren aus einer gewaltigen Kollision entstanden ist. Jetzt können wir ihn endlich direkt betrachten. Heute ist kein Vollmond, wir sehen eine prachtvolle Mondsichel. Ist das jetzt ein zunehmender oder ein abnehmender Mond? Da gab es doch irgend so eine Regel. Die zunehmende Mondsichel soll aussehen wie ein «z», die abnehmende Mondsichel wie ein «a» – aber irgendwie ist da am Himmel einfach nur ein Bogen zu sehen, der keinem der beiden Buchstaben ähnelt.

Das liegt daran, dass sich diese Eselsbrücke auf die alte Kurrent-Schreibschrift bezieht. Die wird schon seit den 1940er Jahren (in Österreich seit den 1950er Jahren) nicht mehr verwendet. Wir dürfen uns daher nicht wundern, dass uns der Spruch nicht weiterhilft; außerdem gibt es eine einfachere Möglichkeit, zwischen ab- und zunehmendem Mond zu unterscheiden.

Dafür müssen wir die Rotation der Erde, die Bewegung des Mondes und die Entstehung der Mondphasen noch ein wenig besser verstehen. So wie die Erde ist auch der Mond eine große Gesteinskugel (er hat einen Durchmesser von knapp 3500 Kilometern, die Erde von ca. 12 700 Kilometern). Der Mond bleibt auch immer eine große Gesteinskugel, und es ist offensichtlich, dass er sich nicht regelmäßig von einer Sichel in eine Kugel und wieder zurückverwandelt. Es ändert sich nur der für uns sichtbare, von der Sonne angestrahlte Bereich. Und da sich die Erde gemeinsam mit dem Mond um die Sonne bewegt und der Mond zusätzlich auch noch die Erde umkreist, sehen wir mal mehr und mal weniger von der beleuchteten Seite des Mondes.

Wenn wir die Entstehung der Mondphasen verstehen und herausfinden wollen, wann welche Mondphase zu sehen ist, müssen wir vier Dinge beachten: die Bewegung des Mondes um die Erde, die Drehung der Erde um ihre eigene Achse (dass sich Erde und Mond auch noch gemeinsam um die Sonne bewegen, können wir fürs Erste vernachlässigen) und den Ort, an dem wir uns auf der Erde befinden. Und wir müssen immer berücksichtigen, welche Hälften der Erde und des Mondes gerade von der Sonne beschienen sind.

Beginnen wir mit dem einfachsten Fall: Der Mond steht genau zwischen Sonne und Erde. Dann ist die beleuchtete Hälfte des Mondes von der Erde abgewandt und wir können ihn nicht sehen. Es herrscht «Neumond».[47] Ebenso leicht zu verstehen ist die umgekehrte Situation, wenn die Erde zwischen Sonne und Mond steht. Dann ist die dunkle Seite der Erde, also der Teil, in dem Nacht herrscht, der hellen Seite des Mondes zugewandt. Die erleuchtete Hälfte des Mondes ist komplett von der gesamten Nachthälfte der Erde aus sichtbar. Man kann also die ganze Nacht über den «Vollmond» sehen.[48]

Etwas komplizierter wird es, wenn der Mond links oder rechts von der Erde steht. Um zu verstehen, was hier passiert,

---

[47] Im seltenen Fall, in dem Mond, Erde und Sonne exakt auf einer Linie stehen, verdeckt der Mond die Sonne und wir können eine Sonnenfinsternis beobachten. Meistens steht er aber ein wenig über oder unterhalb dieser Linie.

[48] Wieder gilt: Stehen Sonne, Erde und Mond exakt auf einer Linie, dann verdeckt die Erde das Licht der Sonne, und der Mond verdunkelt sich: Eine Mondfinsternis findet statt.

müssen wir uns auch überlegen, wie sich der Mond bewegt und wie die Erde sich dreht. Für eine Umrundung der Erde braucht der Mond fast 28 Tage, also knapp einen Monat (das ist auch der Grund, warum die Menschen diese Zeiteinheit ursprünglich eingeführt haben). Wenn wir von einem fiktiven Aussichtspunkt über dem Nordpol der Erde auf die Himmelskörper blicken, dann bewegt sich der Mond in der gleichen Richtung um die Erde, in der sie sich auch um ihre eigene Achse dreht: gegen den Uhrzeigersinn. Der Mond bewegt sich also von der Neumond- zur Vollmondposition so wie ein Uhrzeiger, der rückwärts von der 12 zur 6 läuft.

Stellen wir uns nun vor, der Mond steht links neben der Erde. Er hat dann ein Viertel eines kompletten Umlaufs zurückgelegt, deswegen nennt man diese Position auch das «erste» Viertel. Auf der Erde können wir den Mond natürlich nur von der Seite aus sehen, die ihm zugewandt ist, in unserem Bild also die linke Seite der Erde. Betrachten wir nun die Lichtverhältnisse. Die linke Seite der Erde ist zur Hälfte von der Sonne beleuchtet und zur Hälfte dunkel. Das Gleiche gilt für die Seite des Mondes, die wir von der Erde aus sehen können. Auch sie ist zur Hälfte hell und zur Hälfte dunkel. Von der Erde aus beobachten wir also einen Halbmond.[49] Überlegen wir uns nun noch, zu welcher Tageszeit dieser Halbmond von der Erde aus sichtbar ist. Die Erde dreht sich gegen den Uhrzeigersinn um ihre eigene Achse. An einem Ort, der sich gerade in den Schatten hineindreht, beginnt die Nacht. Dreht sich ein Ort wieder aus dem Schatten hinaus, fängt dort der Morgen an. Wir haben vorhin festgestellt, dass wir den Halbmond nur von der linken Seite der Erde aus sehen können.

---

[49] Auf der Nordhalbkugel der Erde ist die rechte Seite hell und die linke dunkel; auf der Südhalbkugel ist es genau umgekehrt.

Sie ist zur Hälfte beleuchtet und zur Hälfte dunkel. Dank der Erdrotation drehen wir uns von der hellen in die dunkle Hälfte hinein. Im hellen Teil herrscht also Nachmittag, im dunklen Teil die erste Hälfte der Nacht. Wenn wir uns von unserem Beobachtungsort mit der Erde bis zu ihrer rechten, also der mondabgewandten Seite gedreht haben, können wir den Mond nicht mehr sehen. Der Halbmond des ersten Viertels ist also nur am Nachmittag und in der ersten Nachthälfte zu sehen.

Wenn der Mond dann weitergewandert ist und auf der *rechten* Seite der Erde steht, ist die Situation genau umgekehrt. Wieder wendet er der Erde eine halb beleuchtete Hälfte zu, es ist also wieder ein Halbmond zu sehen (dieses Mal nennt man die Position das «letzte» Viertel). Nun ist der Mond aber nur von der rechten Seite der Erde zu betrachten. Auch hier ist eine Hälfte von der Sonne beleuchtet und eine dunkel. In der hellen Hälfte ist Vormittag, in der dunklen Seite vergeht gerade die zweite Nachthälfte. Wenn wir den Mond sehen wollen, müssen wir warten, bis die Erde uns auf die rechte Seite gedreht hat. Da sie das gegen den Uhrzeigersinn tut, beginnt für uns die Nacht auf der linken Seite, wo wir den Mond nicht sehen können. Erst in der zweiten Hälfte der Nacht haben wir uns auf die rechte, dem Mond zugewandte Seite gedreht und können ihn beobachten. Der Halbmond des letzten Viertels ist nur in der zweiten Nachthälfte und am Vormittag zu sehen.

Während 28 Tagen durchläuft der Mond also alle seine Phasen. Zuerst kommt Neumond, dann das erste Viertel, also der zunehmende Halbmond, dann der Vollmond und schließlich das letzte Viertel, der abnehmende Halbmond, bevor der Zyklus mit dem Neumond wieder von vorne beginnt. Der zunehmende Mond ist nur in der ersten Hälfte der Nacht zu sehen, der abnehmende dagegen nur in der zweiten. Es ist nun ganz einfach herauszufinden, ob der Mond zu- oder abnimmt, ohne uns an die Schreibschrift aus dem letzten Jahrhundert erinnern zu müssen. Ist es noch Abend, muss die Mondsichel am Himmel zu einem zunehmenden Mond gehören. Ein Mond, der in der zweiten Hälfte der Nacht beziehungsweise am Morgen zu sehen ist, kann immer nur ein abnehmender Mond sein!

Die schöne Mondsichel, die wir gerade am Himmel sehen, zeigt uns also einen zunehmenden Mond. Sie wird in den nächsten Tagen immer voller werden, und in etwas mehr als einer Woche wird ein großer Vollmond am Himmel stehen. Dann müssen wir übrigens nicht damit rechnen, dass alle Menschen auf einmal verrücktspielen, dass die Verbrechensrate ansteigt oder andere beunruhigende Dinge stattfinden. Dieser «mysteriöse» Einfluss des Mondes existiert nicht. Wir haben ja gerade gesehen, dass sich der Mond *selbst* im Laufe der Zeit nicht verändert. Egal, welche Mondphase gerade herrscht, der Mond ist immer derselbe, es ändert sich nur unser Blickwinkel auf seine beleuchtete Hälfte: Mal sehen wir davon mehr, mal weniger. Auch am Licht des Mondes ist nichts besonders. Es ist das Licht der Sonne, das der Mond zur Erde reflektiert. Licht, das uns jeden Tag in viel größeren Mengen direkt von der Sonne erreicht.

Natürlich beeinflusst der Mond die Erde. Auf eine Art, die wir bereits kennen. Die Gezeitenkraft, die der Mond ausübt, bremst ihre Rotation und verursacht Ebbe und Flut. Aber – so ein oft gehörtes Argument – wenn der Mond das Wasser der Ozeane anheben kann, was wird er dann erst mit dem menschlichen Körper anstellen, der ja immerhin auch zu 55 bis 60 Prozent aus Wasser besteht? Die Antwort darauf ist einfach: nichts! Die

Gezeitenkraft hat nur dann eine relevante Wirkung, wenn es um ausgedehnte Objekte geht. Sehr ausgedehnte Objekte. Nur bei ihnen ist der Unterschied zwischen den an verschiedenen Positionen wirkenden Gravitationskräften groß genug, um einen Gezeiteneffekt hervorzurufen. Erinnern wir uns: Die Gezeitenkraft gibt es nur, weil die Anziehungskraft auf der dem Mond zugewandten Seite der Erde größer ist als auf der dem Mond abgewandten. Deswegen sehen wir Ebbe und Flut ja auch nur in den großen Ozeanen, aber nicht in unserem Baggersee, in der Badewanne oder im Cocktailglas. Die Gravitationskraft, die der Mond auf die Flüssigkeit im Glas ausübt, ist überall gleich groß. Die Flüssigkeit am Boden des Glases ist zwar ein paar Zentimeter weiter vom Mond entfernt als die Flüssigkeit am oberen Rand. Der Unterschied in der wirkenden Gravitationskraft ist aber so winzig, dass er keine relevante Gezeitenkraft hervorruft – weswegen wir unseren Cocktail in der Bar auch ungestört trinken konnten und nicht von einer plötzlichen Flut im Glas überrascht worden sind. Für das Wasser in unserem Körper gilt dasselbe. Wir Menschen sind ja keine großen Wassersäcke, in denen die Flüssigkeit wild hin und her schwappen kann. Das Wasser befindet sich hauptsächlich in den mikroskopischen Zellen und bewegt sich nur bedingt durch den Körper. Der Unterschied in der Anziehungskraft ist so gering, dass eine Gezeitenkraft quasi nicht existent ist. Andere Einflüsse sind hier wesentlich größer. Wenn wir zum Beispiel ein Haar verlieren – was mehrmals täglich vorkommt, auch ohne Haarausfall –, ändert sich unser Körpergewicht, wenn auch nur minimal. Da wir nun weniger wiegen, ist auch die Kraft kleiner geworden, mit der uns der Mond anzieht – ebenfalls nur minimal. Und diese unglaublich winzige Veränderung der Gravitationskraft ist noch um ein Vielfaches größer als die Gezeitenkraft, die auf die Zellen unseres Körpers wirkt.

Auf diese Art kann der Mond uns also nicht beeinflussen. Viele Meereslebewesen dagegen haben ihr Leben tatsächlich nach dem Rhythmus der Gezeiten ausgerichtet und werden so indirekt vom Mond «beeinflusst». Mysteriös ist daran aber nichts. Auch das Licht des Mondes hat keinen besonderen, geheimnisvollen Einfluss. Es handelt sich um eine helle Lichtquelle am Nachthimmel. Und wer Pech hat, den kann sie vielleicht sogar beim Schlafen stören. Dieses Problem lässt sich jedoch mit einem Vorhang lösen. Das, was man in diversen «Mondkalendern» lesen kann, hat dagegen mit der Realität nicht viel zu tun. Wenn wir Blumen pflanzen wollen, die Wohnung putzen oder unsere Haare schneiden, spielt es absolut keine Rolle, welchen Teil der von der Sonne angeleuchteten Hälfte des Mondes wir gerade sehen können. Das «alte überlieferte Wissen», das uns in zahlreichen Esoterik-Büchern verkauft werden soll, ist weder «alt» noch «überliefert», und um «Wissen» handelt es sich dabei auch nicht. Das angeblich alte «Bauernwissen» stammt nicht von Landwirten, sondern aus den verschiedensten esoterischen Welterklärungssystemen, die im Laufe der Zeit entstanden sind.[50] Und jede bisher durchgeführte objektive Überprüfung hat gezeigt, dass die Mondphase keine Rolle spielt, wenn es um die Gärtnerei, den Hausputz oder den Friseurbesuch geht. Natürlich *schadet* es auch nicht, wenn man nur bei Vollmond zum Friseur geht. Manche Menschen richten sich allerdings

---

50 Eine detaillierte Untersuchung zur Entstehung der modernen Mondkalender und zur Herkunft der darin enthaltenen «Weisheiten» hat der Kulturwissenschaftler Helmut Groschwitz von der Uni Regensburg in seiner Dissertation mit dem Titel «Mondzeiten: Zu Genese und Praxis moderner Mondkalender» veröffentlicht.

auch bei wichtigeren Beschäftigungen nach dem Mond, und wenn es zum Beispiel um medizinische Behandlungen geht und man wegen des Mondkalenders Operationen verschiebt, kann das schlimme Folgen haben.

Wir glauben deswegen so gerne an einen Einfluss des Mondes, weil wir als Menschen unsere Umwelt zwangsläufig selektiv wahrnehmen. Unser Gedächtnis ist nicht so gut, wie wir gerne glauben mögen. Wir sind meist nicht in der Lage, uns objektiv zu erinnern, sondern weisen Ereignissen, die aus irgendeinem Grund besonders beeindruckend oder wichtig für uns sind, eine höhere Bedeutung zu. Viele Menschen sind zum Beispiel davon überzeugt, dass sie bei Vollmond schlecht schlafen. Aber natürlich kommt es immer wieder mal und aus den verschiedensten Gründen vor, dass man eine Nacht lang die Augen nicht zumacht. Vielleicht hat man am Abend zu schwer gegessen oder zu viel getrunken. Vielleicht ist man krank oder hat Probleme auf der Arbeit, die einen wachliegen lassen. Es passiert oft genug, dass man nachts aufwacht. Meistens schläft man irgendwann wieder ein und hat die Episode am nächsten Morgen vergessen. Wandert man aber in der Nacht schlaflos hin und her, wirft dabei einen Blick aus dem Fenster und sieht einen eindrucksvollen Vollmond am Himmel stehen, so bleibt uns dieses Ereignis lange im Gedächtnis. «Klar, es ist der Vollmond, der mich nicht schlafen lässt!» Wir erinnern uns nicht mehr an die Nächte, in denen wir trotz Vollmond durchgeschlafen haben oder in denen wir aufgewacht sind, obwohl gerade kein Mond am Himmel stand. Der selektiven Wahrnehmung kann sich keiner entziehen, und wir müssen uns anstrengen, um sie zu umgehen. Wir könnten zum Beispiel ein Schlaftagebuch führen und Nacht für

Nacht genau aufschreiben, ob wir gut oder schlecht geschlafen haben – und die Aufzeichnungen nach ein paar Monaten mit den Mondphasen vergleichen.

Solche Untersuchungen hat man in der Vergangenheit oft genug gemacht; auch zu anderen Themen. Es wurde zum Beispiel geprüft, ob in Vollmondnächten mehr Kinder zur Welt kommen oder mehr Unfälle passieren. Die Ergebnisse zeigten immer, dass der Mond keine Rolle spielt.[51]

Heute jedenfalls hindert uns der Mond definitiv am Schlafen. Nicht wegen seines mysteriösen Einflusses, sondern weil wir noch lange nicht aufhören wollen, uns mit dem faszinierenden Nachthimmel zu beschäftigen. Der Mond steht mittlerweile hoch am Himmel. Er zeigt uns seinen vertrauten Anblick. Der ist uns vor allem deswegen vertraut, weil er sich nie ändert. Von der Erde aus sehen wir immer dieselbe Seite des Mondes! Man könnte nun glauben, dass der Mond sich nicht um seine eigene Achse dreht und wir deswegen immer nur eine Seite sehen können. Aber das ist falsch, der Mond *muss* sich drehen, und zwar auf eine ganz besondere Art und Weise.

Dass der Mond sich um seine eigene Achse drehen muss, können wir leicht mit einem kleinen Experiment veranschaulichen. Hinter der Bank, von der aus wir bis jetzt den Himmel beobachtet haben, befinden sich ein paar Bäume. Stellen wir uns vor, wir seien der Mond und einer der Bäume sei die Erde. Die Vorderseite unseres Gesichts ist die vertraute Vorderseite des Mondes und unser Hinterkopf seine Rückseite. Wir stellen uns nun vor den Baum und suchen uns dahinter einen markanten Punkt, zu dem wir blicken können. Zum Beispiel den

---

[51] Eine Übersicht über diverse Studien dieser Art findet man zum Beispiel unter http://dermond.at.

großen Strommast, der in einiger Entfernung auf dem Feld steht. Nun beginnen wir die Baum-Erde zu umkreisen, drehen uns selbst dabei aber nicht. Denn wir blicken ja weiterhin stur geradeaus auf den Strommast, egal wo wir uns auf unserem Weg um den Baum befinden. Wir werden schnell merken, dass hier irgendwas nicht stimmen kann. Nachdem wir den halben Weg zurückgelegt haben, stehen wir auf der anderen Seite der Baum-Erde. Wir blicken aber immer noch in die gleiche Richtung wie zuvor. Wir stehen mit dem Rücken zum Baum und zeigen ihm unseren Hinterkopf. Von der Baum-Erde aus kann man nun die Rückseite des Kopf-Mondes sehen. Die Rückseite des echten Mondes hingegen bekommen wir nie zu Gesicht. Er kann sich also nicht auf die gleiche Art und Weise um die Erde bewegen, wie wir uns gerade um den Baum bewegt haben.

Probieren wir das Ganze noch einmal aus und gehen wir erneut um den Baum herum. Wir starten in der gleichen Position wie vorhin und blicken den Baum direkt an. Wenn wir nun, wie vorhin, ein paar Schritte um den Baum herum gemacht haben, dann schauen wir jetzt ein wenig am Baum vorbei. Um ihm unser Gesicht wieder frontal zuwenden zu können, müssen wir uns ein klein wenig um unsere eigene Achse drehen. So geht es während des ganzen Umlaufes. Für jeden Schritt, den wir gehen, müssen wir auch eine kleine Drehung machen. Wenn wir die Baum-Erde einmal komplett umrundet haben, haben wir uns auch insgesamt einmal um uns selbst gedreht. Genauso dreht sich der Mond. Er braucht für eine Umdrehung um seine Achse genauso lange, wie er für einen Umlauf um die Erde braucht. Deswegen können wir immer nur eine Seite von ihm sehen.

Der Grund für diese spezielle Art der Rotation sind die Gezeitenkräfte. Denn die Gezeitenkräfte des Mondes mögen zwar die Rotation der Erde abbremsen, doch auch die Erde übt eine Gezeitenkraft auf den Mond aus! Und weil sie viel größer und massereicher ist, ist diese Kraft deutlich stärker. Der Mond hat zwar keine Ozeane und Berge aus Wasser, die ihn bremsen können. Die starke Gezeitenkraft der Erde kann aber auch das feste Gestein ein klein wenig anheben und auf diese Art «Flutberge» erzeugen (man darf sich darunter keine echten Berge vorstellen, die Hebung erfolgt nur um einige Zentimeter). Der Effekt ist am Ende derselbe: Die Gezeitenkraft der Erde hat die Rotation des Mondes verlangsamt, so lange, bis er für eine Umrundung der Erde genauso lange brauchte wie für eine Drehung um seine eigene Achse. Vom Mond aus gesehen steht die Erde jetzt immer am selben Punkt des Himmels, und es gibt keine «Flutberge» mehr, die um den Mond laufen und eine Gezeitenreibung ausüben können. Die Abbremsung ist zum Stillstand gekommen. Man nennt so einen Zustand «gebundene Rotation», und auch die Erde wird in ferner Zukunft durch die Gezeitenkraft des Mondes so weit gebremst worden sein, dass sie ihm immer dieselbe Seite zuwenden wird. Es wird keinen Mondauf- oder -untergang mehr geben, der Mond wird nur noch von einer Hälfte der Erde aus zu sehen sein und immer am selben Punkt des Himmels stehen (ganz so wie ein geostationärer Satellit).

Bis dahin haben wir aber noch ein paar Milliarden Jahre Zeit und können in Ruhe den Mond bewundern. Die Mondsichel der heutigen Nacht ist wirklich schön. Aber ein heller Vollmond kann ebenfalls enorm beeindruckend sein. Wenn der volle Mond in einer Sommernacht aufgeht und knapp über dem Horizont steht, scheint er manchmal riesig zu sein. Wenn er dann aber über den Himmel gewandert ist und hoch über uns steht, sieht er auf einmal viel kleiner aus. Ändert der Mond etwa seine Größe?

Nein, der Mond hat selbstverständlich immer die gleiche Größe. Seine *scheinbare* Größe am Himmel ändert sich eigentlich auch nur wenig. Die Bahn des Mondes um die Erde ist kein exakter Kreis, sie ist auch ein wenig geneigt. Er ist uns tatsächlich mal ein wenig näher, mal ist er ein wenig weiter weg. Der Unterschied ist aber so gering, dass wir es mit bloßem Auge kaum wahrnehmen können. Um zu erklären, warum der Mond uns mal so riesig erscheint und dann wieder so klein, reicht das nicht aus. Es ist auch kein anderes physikalisches Phänomen dafür verantwortlich. Denn wenn man den Mond *fotografiert*, ist er immer gleich groß. Es handelt sich hier um eine optische Täuschung. Ihre Ursache ist allerdings noch nicht vollständig bekannt. Ein Erklärungsansatz bezieht sich auf die sogenannte Ponzo-Illusion. Unser Gehirn interpretiert die Größe von Objekten immer anhand des Hintergrunds. Von zwei eigentlich gleich großen Objekten erscheint uns dasjenige größer, von dem wir glauben, es wäre weiter weg – denn um auch noch in weiter Ferne genauso gut sichtbar zu sein wie das andere Objekt, muss es ja eigentlich größer sein. Sehen wir den Mond also nahe dem Horizont vor Bäumen, Bergen oder Häusern, dann interpretiert unser Gehirn die Entfernung des Mondes anders, als wenn er ohne nahe Vergleichsobjekte hoch am Himmel steht. Diese unterschiedliche Interpretation führt zu einer unterschiedlichen Größenwahrnehmung.

Wir sind außerdem nicht in der Lage, Entfernungen am Himmel richtig einzuschätzen. Da wir am Horizont mehr Vergleichsobjekte sehen können als direkt über uns, kommt es uns so vor, als wäre der Himmel abgeflacht. Unser Gehirn stellt sich kein halbkugelförmiges Firmament über unseren Köpfen vor, sondern schätzt den Abstand zum Horizont weiter ein als den zu Objekten direkt über uns. Das Bild des Mondes auf unserer Netzhaut ist dagegen immer gleich groß, egal wo der Mond sich befindet. Weil das Gehirn aber glaubt, der horizontnahe Mond sei weiter weg als der, der hoch am Himmel steht, lässt es uns glauben, er sei größer (denn nur dann kann er ein gleich großes Bild auf der Netzhaut erzeugen). Wahrscheinlich spielt auch die Art und Weise eine Rolle, wie die optischen Signale im Gehirn verarbeitet werden und unser Auge sich auf Gegenstände in größerer Entfernung scharf stellt. Abschließend geklärt ist diese «Mondtäuschung» bis heute allerdings noch nicht. Das soll uns aber nicht daran hindern, den Mond weiter zu betrachten!

Am Ende wird es dunkel

Während wir uns über einen schönen und beeindruckenden Vollmond am Himmel freuen, finden die Astronomen das meistens nicht so toll. Nicht, weil ihnen der Vollmond nicht genauso gut gefällt. Sondern weil sein Licht viele Sterne überstrahlt. Um präzise astronomische Beobachtungen anstellen zu können, muss die Nacht so dunkel wie möglich sein. Die Lichtverschmutzung macht das oft schon schwer genug, und wenn dann auch noch das Licht des Mondes dazukommt, wird es wirklich schwierig. Für die Astronomen kann die Nacht gar nicht dunkel genug sein ...

Aber warum ist sie das eigentlich? Es ist so ziemlich die einfachste astronomische Beobachtung, die man anstellen kann: Mal ist es hell, dann ist es wieder dunkel. Tag und Nacht wechseln sich auf der Erde regelmäßig ab. Warum ist das so? Dumme

Frage, mag man sich denken. Natürlich weil die Sonne immer nur eine Hälfte der Erde beleuchten kann und deswegen die andere dunkel bleiben muss. Das stimmt selbstverständlich auch. Aber wo wir hier gerade im Licht der Sterne und des Mondes stehen, können wir der Frage, ob es nicht vielleicht doch Gründe geben könnte, warum es nachts *nicht* dunkel sein sollte, etwas genauer nachgehen. Die Existenz der Nacht ist die erste, älteste und einfachste astronomische Beobachtung, die die Menschen gemacht haben. Dass es jeden Abend dunkel wird, ist für uns selbstverständlich und alltäglich. Aber wenn wir ein wenig genauer darüber nachdenken, wird uns das zu überraschenden Einsichten in die Natur des Universums führen!

Die Frage der nächtlichen Dunkelheit wird von Wissenschaftlern schon seit Jahrhunderten diskutiert. 1826 beschäftigte sich der deutsche Astronom Heinrich Wilhelm Olbers mit diesem Problem. Eigentlich müsste auch die Nacht taghell sein, überlegte er sich. Wenn das Universum unendlich groß ist und in ihm unendlich viele Sterne existieren, und wenn das Universum unendlich alt ist und sich nicht verändert, dann müssten wir *immer* irgendwo einen Stern sehen, egal wohin wir am Himmel schauen – und es gäbe keine Lücken, keinen schwarzen, leeren Raum zwischen den Sternen. Anstatt einer dunklen Nacht mit ein paar hellen Sternen sollten wir eigentlich einen gleichmäßig erleuchteten Himmel sehen.

Wie meinte Olbers das? Zu seiner Zeit wusste man noch nicht viel über das Universum. Die vorherrschende Meinung lautete damals, dass der Kosmos immer schon existierte und immer existieren wird. Das Universum müsse unendlich groß sein und statisch. Es sei die ewige und unveränderliche Bühne für alles, was in ihm passiert. In diesem Universum gebe es auch keine besonderen Orte, die sich vom Rest des Ganzen unterscheiden: Wenn ein Teil des Kosmos voller Sterne ist, dann muss das gesamte Universum voller Sterne sein. Aus der damaligen Sicht macht Olbers' Behauptung Sinn: Wenn das Universum unendlich groß ist und gleichmäßig mit Sternen bevölkert, dann muss unser Blick immer auf einen Stern treffen, egal in welche Richtung wir schauen. Der Himmel müsste ein hell erleuchtetes Meer aus Sternen sein.

Wir können das leicht nachvollziehen. Blicken wir auf das kleine Waldstück, das sich am Rand der Felder befindet. Ganz vorne sehen wir ein paar Bäume. Zwischen den Bäumen befinden sich Lücken, aber in diesen Lücken sehen wir weitere Bäume, die ein Stückchen weiter hinten wachsen. Auch zwischen ihnen befinden sich Lücken, die uns den Blick auf noch mehr Bäume noch weiter hinten eröffnen. Wir können nicht durch den Wald hindurchsehen, wohin unser Blick auch fällt, trifft er irgendwann auf einen Baum. Ein Wald ist natürlich etwas anderes als das Universum. Er ist viel kleiner, und die Bäume stehen viel dichter beisammen, als es die Sterne tun. Die Analogie stimmt aber: Auch im Kosmos des Heinrich Wilhelm Olbers gibt es umso mehr Sterne, je weiter man blickt. Die Sterne erscheinen uns zwar umso kleiner, je weiter weg sie sind, aber dafür sehen wir auch immer mehr von ihnen. In Summe sollte sich das ausgleichen und einen hellen Himmel erzeugen.

Dieses Problem wurde als «Olbers'sches Paradox» bekannt, denn ganz offensichtlich ist die Nacht nicht hell, sondern dunkel. Irgendetwas kann da nicht stimmen. Heute wissen wir, wo das Problem liegt. Das damalige Weltbild ging von einem unendlich alten und unendlich großen Universum aus. Unser Kosmos entstand aber vor 13,7 Milliarden Jahren und ist nicht unendlich alt. Er ist auch nicht unendlich groß, und wir sehen nur einen Teil davon. Denn – erinnern wir uns an die Taxifahrt, die uns ohne die GPS-Satelliten nicht so leicht zum Ziel geführt hätte – das Licht bewegt sich nicht unendlich schnell, und nichts ist schneller als das Licht. Das Licht der Sterne muss sich seinen Weg erst bis zu unseren Augen bahnen, und das dauert. Viele Sterne sind so weit entfernt, dass ihr Licht seit dem Urknall noch gar nicht die Zeit hatte, bis zu uns zu gelangen. Wir wissen heute, dass auch die Sterne nicht ewig leben. Sie entstehen und vergehen wieder und leuchten nicht für immer.

Olbers und seine Zeitgenossen gingen außerdem davon aus, dass das Universum statisch sei und sich nicht verändere. Auch das stimmt nicht, wie wir heute wissen. Nach seiner Entstehung vor 13,7 Milliarden Jahren begann das All sich auszudehnen, und es expandiert heute noch. Dieses Phänomen ist uns auf dem Fernseher der Bar in Form der kosmischen Hintergrundstrahlung begegnet. Bei dieser handelt es sich ja tatsächlich um Licht, das aus allen Richtungen des Himmels kommt. Aber da es schon vor so langer Zeit entstanden ist und sich das Universum seitdem so stark ausgedehnt und dabei die Wellen des Lichts so stark gestreckt hat, können wir es nicht mehr sehen, sondern nur noch als schwache Mikrowellenstrahlung wahrnehmen. Hätte sich das Universum nicht ausgedehnt, wäre der Himmel heute tatsächlich Tag und Nacht von dem Licht hell erleuchtet, das sich kurz nach dem Urknall erstmals frei bewegen konnte.

Es ist deswegen nachts dunkel, weil Sterne nicht ewig leben. Weil das Licht sich nicht unendlich schnell bewegt. Weil das Universum nicht unveränderlich ist, sondern sich ausdehnt. Weil es nicht schon immer existierte, sondern einen Anfang hatte. Das sind ziemlich fundamentale Einsichten für die simple Beobachtung: Nachts wird es dunkel.

Auf jede dunkle Nacht folgt ein heller Tag. Die Sterne verschwinden vom Himmel, und die Sonne übernimmt das Kommando. Der Zauber der Nacht verfliegt, und im hellen Tageslicht beginnt für uns der Alltag. Wir wissen aber nun, dass er nur scheinbar alltäglich ist. Dass Astronomie nicht nur in der dunklen Nacht und am fernen Sternenhimmel stattfindet. Wohin wir auch blicken und was wir auch tun: Wir leben mittendrin im Universum! Die Astronomie ist nicht irgendwo da draußen. Die Astronomie ist überall!

Das Universum im Bücherregal

Unser Spaziergang durch das Alltagsuniversum ist zu Ende. Aber natürlich gibt es noch viel mehr zu sehen, viel mehr zu wissen und viel mehr zu entdecken. Wir könnten tage-, wochen-, sogar jahrelang durch die Gegend streifen und dabei immer mehr über die Welt erfahren, in der wir leben. Aber so interessant der Alltag auch sein mag, er hindert uns meistens auch daran, ausgedehnte Forschungsreisen zu unternehmen. Wir müssen arbeiten, und es gibt viele andere Dinge, die wir erledigen, Menschen, um die wir uns kümmern müssen. Aber niemand kann uns daran hindern nachzudenken! Die Welt in unserem Kopf gehört uns, und dort können wir jederzeit an jeden Ort reisen, der uns gefällt. In unseren Gedanken können wir das Universum genauso erforschen, wie wir es gerade auf unserem Spaziergang durch die reale Welt getan haben.

Auf eine gedankliche Reise muss man sich natürlich genauso vorbereiten wie auf eine echte. Das erledigt man am besten in einer Bücherei oder einem Buchladen. Dort findet man Werke, die all die Gedanken vertiefen, auf die wir während unseres Spaziergangs getroffen sind, und darüber hinausgehen. Zum Abschluss möchte ich ein paar davon empfehlen, aber auch jeden Leser und jede Leserin auffordern, selbst in den Regalen zu stöbern!

Mehr über den Wind, das Wetter und die Atmosphäre unseres Planeten erfährt man im hervorragenden Buch *Ein Meer von Luft. Eine Naturgeschichte der Atmosphäre* von Gabrielle Walker.

Peter Ward und Donald Brownlee erklären in *Unsere einsame Erde*, was nötig ist, damit Leben auf einem Planeten entstehen kann. Die Autoren erzählen von all den Katastrophen, die die Erde im Laufe der Zeit heimgesucht haben, und den Massensterben, die dadurch ausgelöst worden sind. Sie behandeln den «Schneeball Erde» und erklären, wie der Mond die Neigung der Erdachse und damit die Jahreszeiten beeinflusst. Sie spekulieren darüber, wie das Leben auf der Erde entstanden ist und ob dieser Vorgang auch anderswo im All erfolgreich stattfinden konnte.

Als man herausfand, dass ein Asteroideneinschlag für das Aussterben der Dinosaurier verantwortlich war, schrieb der an dieser Entdeckung beteiligte Geologe Walter Alvarez ein spannendes und verständliches Buch darüber. Es ist nur auf Englisch erhältlich und heißt *T. Rex and the crater of doom*. Das Buch seines Kollegen David M. Raup über das gleiche Thema gibt es auch auf Deutsch: *Der schwarze Stern. Wie die Saurier starben. Der Streit um die Nemesis-Hypothese.*

Die Geschichte der Dinosaurier und ihrer Erforschung hat Deborah Cadbury in *Dinosaurierjäger. Der Wettlauf um die Erforschung der prähistorischen Welt* packend und verständlich zusammengefasst.

Wie sich die Messung der Zeit im Laufe der Jahrhunderte entwickelt hat, beschreibt Peter Galison in *Einsteins Uhren, Poincarés Karten. Die Arbeit an der Ordnung der Zeit*. Ken Alder verfolgt in *Das Maß der Welt. Die Suche nach dem Urmeter* zwei Wissenschaftler durch die Wirren der Französischen Revolution und erzählt von dem Versuch, die Messung von Zeit und Raum auf eine logische Basis zu stellen.

Die Entwicklung vom geozentrischen über das heliozentrische Weltbild bis hin zu unserer modernen Kosmologie wird von Simon Singh in *Big Bang* nicht nur äußerst ausführlich, sondern auch höchst verständlich dargestellt. In diesem Buch erfährt man auch alles über den Urknall selbst.

Die Erforschung des ersten Lichts nach dem Urknall, also der heute noch sichtbaren kosmischen Hintergrundstrahlung, hat unser Verständnis des Universums stark verändert. George Smoot hat für seine Forschung auf diesem Gebiet den Nobelpreis für Physik erhalten und das Buch *Das Echo der Zeit. Auf den Spuren der Entstehung des Universums* geschrieben.

Den aktuellen Stand der Kosmologie und die neuen Theorien, an denen die Wissenschaftler derzeit arbeiten, hat Brian Greene in *Der Stoff, aus dem der Kosmos ist* zusammengefasst. Dort findet man auch ausführliche und verständliche Erklärungen zur speziellen und allgemeinen Relativitätstheorie.

Alles über die verschiedenen chemischen Elemente kann man in *Das wilde Leben der Elemente* von Hugh Aldersey Williams und *Die Ordnung der Stoffe* von Ulf von Rauchhaupt nachlesen. Wie

Sterne all diese Elemente erzeugen, erklärt unter anderem der Klassiker *Im Anfang war der Wasserstoff* von Hoimar von Ditfurth oder das Buch *Die Suche nach den ältesten Sternen* von Anna Frebel.

Der Sammelband *Das Ende der Nacht. Die globale Lichtverschmutzung und ihre Folgen*, herausgegeben von Thomas Posch, Anja Freyhoff und Thomas Uhlmann, präsentiert alle Aspekte dieses aktuellen Problems.

Wer trotz der Lichtverschmutzung noch den Himmel beobachten will, der kann sich mit dem wunderbaren Buch *Den Himmel lesen lernen. Astronomie für Sternengucker* von Emily Winterburn einstimmen. Und wer gemeinsam mit Kindern den Himmel beobachten will, der kann sich mit den Büchern *Der große Bär im Sternenmeer* und *Zwilling, Stier und großer Bär* von H. A. Rey darauf vorbereiten. Das Buch *Mond* von Bernd Brunner handelt nicht nur von den astronomischen Aspekten unseres Begleiters, sondern erzählt auch viele spannende Geschichten über die kulturelle und gesellschaftliche Rolle, die der Mond im Laufe der Zeit gespielt hat. Das sehr umfangreiche Werk *Die Sonne* von Richard Cohen erklärt alles, was es über unseren Heimatstern zu wissen gibt.

Alles über das Licht und die verschiedenen Arten der elektromagnetischen Wellen kann man in *Das Universum des Lichts. Von Edisons Traum bis zur Quantenstrahlung* von David Bodanis erfahren, und Richard Panek hat in *Das Auge Gottes* all die Instrumente erklärt, die Astronomen benutzen, um dieses Licht zu sehen.

Und schließlich möchte ich natürlich auch noch mein eigenes Buch empfehlen. In *Krawumm!* habe ich über das geschrieben, was im Universum miteinander zusammenstoßen kann. Von den Atomen im Inneren der Sonne über die Asteroiden und Sternschnuppen, die auf die Erde fallen, bis hin zu Kollisionen zwischen Sternen, Galaxien und ganzen Universen erfährt man dort alles über die großen und kleinen Zusammenstöße, die unser Universum zu dem gemacht haben, was es heute ist.

Am Ende dieses Buches möchte ich mich bei den Leuten bedanken, die mir geholfen haben, es zu schreiben. Dazu gehören all die oben genannten Autoren, deren Bücher mich inspiriert und fasziniert haben. Ich muss mich aber auch bei Christian Koth, Heinz Oberhummer, Martin Bäker, Matthias Kittel, Birgit Priebe und Dagmar Fuchs bedanken. Sie haben meine Fehler korrigiert und mich auf unverständliche Formulierungen hingewiesen. Vielen Dank!

Register

A

Achsenneigung 72, 76, 143 f.
Adaptive Optiken 194
Airburst 89 ff.
Alchemie 124, 130
Alfons von Kastilien 30
Algen 81
Alkohol 136
Alpher, Ralph 154 ff.
Alvarez, Luis 95, 97
Alvarez, Walter 95 ff.
Anaxagoras 119 f., 122 f.
Andromedagalaxie 162 f.
Antimaterie 150 f.
Anziehungskraft des Mondes 22 ff., 143, 200 f.
Apollonios von Perge 30
Äquator 14 ff., 43, 72, 94, 183
Äquivalenzprinzip 181
Asteroiden 59, 61, 66, 69, 73, 86 ff., 93 ff., 96, 98 ff., 136, 140
Astra 44
Äther 173 f.
Atmosphäre 21, 41 f., 66 f., 77 ff., 88, 92 ff., 104, 111, 117, 146, 192, 214
Atombombe 131
Atome 19, 66, 125 ff., 129 f., 135 ff., 139 f., 151

Atomuhr 50, 169, 178
Augen 103 ff., 112, 195, 208

B

Beschleunigung 180 ff.
Bibel 94, 122 f.
Bienen 101 f., 104 ff., 112
Blei 79, 124, 127, 130, 140,
Boliden 67
Brahe, Tycho 35 f., 38
Brownlee, Don 68
Bunsen, Robert 132 f.

C

Calcium 79, 138
Callisto (Jupitermond) 33
Chlor 138
Chlorophyll 80 ff.
Comte, Auguste 132
Corioliskraft 17 f.
Cosmic Background Explorer (COBE) 159

D

Dämmerung 140, 146 ff.
Darwin, Charles 94, 123
Deep Impact (Raumsonde) 101
Dicke, Robert 156 f.
Dinosaurier 95, 97 ff., 101

Drehenergie *19*
Drehung *19 ff.*, *92*
Dunkelheit *160 f.*, *163*

E

Einschlagskrater *92*
Einstein, Albert *45*, *131*, *149*, *154*, *174 ff.*, *184*, *187*
Eisen *57 ff.*, *68*, *120*, *138 ff.*
Eiszeiten *93*
Elektromagnetisches Spektrum *81*, *106*
Elektromagnetische Strahlung *80*, *106*, *108 ff.*, *171*, *173*
Elektronen *66*, *125 f.*, *134 f.*, *149*, *151*
Elementarteilchen *66*, *149*, *150*
Elemente *59*, *70*, *87*, *96*, *120 f.*, *125 f.*, *128*, *130*, *134*, *136 ff.*, *152*
Ellipse *38*, *41*, *71*
Energie *19*, *21*, *58*, *66*, *72*, *76 f.*, *80*, *82 f.*, *108*, *115 ff.*, *130 ff.*, *135 ff.*, *149 f.*, *153*
Epizykeltheorie *30*, *32*
Erdachse *14*, *16*, *20 ff.*, *24 ff.*, *43*, *46*, *56*, *72*, *76*, *88*, *143 ff.*
Erdbeben *50*, *100*
Erdbeschleunigung *182*
Erde *13 ff.*, *20 ff.*, *39 f.*, *46 ff.*, *52 ff.*, *65 ff.*, *70 ff.*, *86 ff.*, *99 ff.*, *106*, *108*, *111 f.*, *115*, *117 ff.*, *135 f.*, *138*, *140*, *142 ff.*, *152*, *62*, *167 ff.*, *170 f.*, *174*, *179*, *181 ff.*, *185*, *188*, *190*, *192*, *194 ff.*, *204 ff.*
Erdrotation *14*, *16*, *18*, *21*, *25*, *46 f.*, *49 f.*, *142*, *196*, *199*, *200*, *205 f.*
Ethanol *136*
Europa (Jupitermond) *33*, *84*
Eutelsat *44*
Evolution *98*
Explorer 11 (Satellit) *112*

F

Fluor *127*, *138*

G

Galaxien *9 f.*, *100*, *107*, *153*, *158*, *162 f.*
Galilei, Galileo *33 f.*, *36*, *107*, *121*
Galilei'sche Monde *33*
Gammastrahlung *111 f.*
Ganymed (Jupitermond) *33*
Gebundene Rotation *206*
Geostationärer Orbit *43*, *168*
Geosynchrone Satelliten *43*
Geozentrisches Weltbild *31*
Gezeiten *22 ff.*, *49*
Gezeitenreibung *200 ff.*, *205 f.*
Gleichgewichtstemperatur *77*
Gletscher *94*
Global Positioning System (GPS) *167*, *170 f.*, *179*, *182*, *188*, *211*
Gluonen *150*
Gold *57 ff.*, *61*, *73*, *120*, *124 f.*, *127*, *130*, *140*
Gravitationsgesetz *40*
Gravitationskraft *18*, *22 f.*, *40*, *76*, *137 f.*, *153*, *180 ff.*, *188*, *201*
Groschwitz, Helmut *202*
Großkreis *183*

H

Habitable Zone *84*
Haidinger Büschel *104*
Heavens Above (Online-Dienst) *195*
Heliozentrisches Weltbild *31*, *33*
Helium *126*, *134 ff.*, *151 f.*
Herman, Robert *154 ff.*
Herschel, William *108 f.*, *111*
Hertz, Heinrich *109*
Hey, James Stanley *111*
Himmel *26 ff.*, *33*, *40*, *43 f.*, *46*, *52*, *98 f.*, *100*, *105 ff.*, *118 ff.*, *146*, *156 ff.*, *160 ff.*, *189 f.*, *192 ff.*, *200*, *203 f.*, *206 ff.*
Hipparch *30*
Hoyle, Fred *154*
Hubble, Edwin *153*
Hubble-Weltraumteleskop *194*

I

Infrarotstrahlung 80 f., 110 f., 171
Insekten 104, 161
Io (Jupitermond) 33
Iridium 97
Isotope 128 ff.
ISS (Raumstation) 42

J

Jahr 52 f., 55, 145
Jahreszeiten 52, 71 ff., 76, 143
Julianisches Datum 51
Jupiter 33 f., 39, 57, 84, 107, 121, 192, 50 ff.

K

Kalender 50 ff.
Keck-Teleskop (Hawaii) 194
Kepler, Johannes 36, 38 ff., 71, 121, 180
Kepler'sche Gesetze 39 f., 42
Kernfusion 19, 132, 134 f., 137, 139
Kernspaltung 131 f.
Keyhole-Spionagesatelliten 42
Kirchhoff, Gustav 132 f.
Klima 73, 76
Klimawandel 80
Kohlensäure 79
Kohlenstoff 57, 79, 128 f., 138
Kohlenstoffdioxid 78, 93, 116
Kollisionen 56 ff., 65 f., 88, 91, 96, 99 ff., 159, 196
Kometen 86 ff., 90 f., 99, 136, 140
Kopernikus, Nikolaus 32 f., 35
Kosmische Hintergrundstrahlung 156 ff., 211
Kosmischer Staub 67 ff., 71

L

Ladung 150
Laufzeitmessung 170
Leben 73 f., 77, 80, 82 ff., 88, 94, 106, 117

Licht 78, 80 ff., 102 ff., 116 ff., 132 ff., 146, 151 ff., 155 f., 159 ff., 170 f., 173 ff., 188 ff., 192 ff., 200, 202, 208 f., 211
Lichtgeschwindigkeit 171, 174 ff.
Lichtjahr 163
Lichtverschmutzung 162 ff., 208
Lithium 136
Luft 14, 17 f., 21, 41 f., 66 f., 78, 81, 89, 92, 104, 116 f., 146, 173, 175, 190, 193 f.
Luftdruck 14
Luther, Martin 32
Lyell, Charles 94, 123

M

Magellan'sche Wolke 162
Magnesium 139
Mars 38, 57, 61, 74, 192
Masse 131, 135, 139, 149
Maßeinheiten 45
Massendefekt 132
Massensterben 93, 95, 97, 117
Materie 149 ff., 158
Maxwell, James Clerk 109, 173
Melatonin 161
Merkur 39, 57, 192
Metall 59 f.
Meteore 67
Meteoriten 67, 70
Meteoroiden 66 f.
Methan 78
Michelson, Albert Abraham 174
Mikrometeoriten 68 ff., 88, 96, 99
Mikrowellen 80, 110, 155, 157, 171, 211
Milchstraße 10, 107, 153, 160, 162 f.
Moleküle 126, 136
Mond 22 ff., 33 f., 40, 48, 58 f., 61, 74 ff., 88, 121, 143, 181, 192, 196 ff.
Mondfinsternis 197
Mondkalender 202
Mondphasen 196 f., 200, 202, 204
Morley, Edward 174

N

Nacht 208 ff.
NASA 101
Natrium 138
Naturgesetze 27, 40, 44
Navigationsgerät 167 ff., 179, 182 ff., 189
Neon 138 f.
Neptun 39, 57, 192
Neutronen 127 ff., 131, 149 ff.
Newton, Isaac 40, 44, 60, 108, 121 f., 133, 180

O

Olbers, Heinrich Wilhelm 209 ff.
Olbers'sches Paradox 210

P

Penzias, Arno 156 ff.
Phosphor 138
Photonen 150 f., 159 f.
Photosynthese 80, 116
Planeten 18, 20, 27, 29 ff., 35 f., 38 ff., 42, 49, 53, 57 ff., 69 ff., 73 f., 39 f., 82 ff., 45 ff., 96, 106 f., 120 ff., 125, 152 f., 188, 192 f., 195, 214
Planetesimale 86 f.
Platin 58 f., 140
Plattentektonik 79, 93
Polarisation 102 ff.
Polarkreis 148
Polarnacht 145
Ponzo-Illusion 207
Positronen 150
Präsolare Körner 70
Projektionseffekt 31
Protonen 127 ff., 131, 149 ff.
Protosterne 19
Proxima Centauri 192
Ptolemäus, Claudius 30, 32, 35 f.

Q

Quantenmechanik 125
Quark-Gluonen-Plasma 150
Quarks 149 f.

R

Radar 110 f.
Radioaktivität 128, 136
Radiowellen 80 f., 110 f., 171
Radium 130
Raum 26 f., 44, 152 f., 158 f., 171, 175 ff., 184 f.
Raumsonden 69, 101
Raumzeit 184 ff.
Red Edge 82 f.
Regenbogen 81 f., 102, 106, 133
Reibung 21, 25, 42, 66, 89
Relativitätstheorie 131, 178 ff., 187, 215
Ritter, Johann Wilhelm 108 f., 111
Röntgenstrahlung 80, 110 ff.
Röntgen, Wilhelm Conrad 110
Rotationsgeschwindigkeit 49
Roter Riese 138
Royal Society 121
Rudolf II. 36

S

Satelliten 26 f., 40 ff., 81, 112, 167 ff., 179 f., 182, 188, 195
Satellitenschüsseln 26 f., 29, 31, 40, 43 ff., 53
Saturn 57, 192
Sauerstoff 80, 116 f., 126 ff., 136 ff.
Säugetiere 98 f.
Saurer Regen 92
Scaliger, Joseph Justus 51
Schaltjahr 39, 55
Schaltsekunden 50
Schalttage 50, 54 f.
Schatten 10, 21, 26, 56
Schöpfungsgeschichte 94, 154
Schwefel 92 f.
Schwefelwasserstoff 117
Schwerkraft 180 f.
Schwerpunkt 23
Schwingung 102 ff.
Seeing 193 f.
Silber 121

Silberchlorid 108 f.
Silizium 138, 77 f.
Sintflut 94
Solarkonstante 77 f.
Sonne 10, 18 ff., 20 f., 26, 28, 30 ff., 34 f., 38 ff., 46 ff., 50, 52 ff., 65, 69 ff., 76 ff., 84, 86 f., 92, 96, 100, 102 ff., 108, 111 f., 116 ff., 132, 134 f., 137 f., 140, 142 ff., 162, 174, 192 f., 195 ff., 202, 209, 212
Sonnenfinsternis 197
Sonnengötter 118
Sonnensteine 105
Sonnensystem 13, 18, 20 f., 53, 57, 60 f., 66, 70, 73 f., 82, 84, 86 f., 100, 106, 153, 192
Sonnentag 47
Spektrometer 82 f.
Spektroskopie 132
Stardust (Raumsonde) 69
Sterne 27 ff., 46, 57, 70, 82, 84, 100, 105 ff., 112, 115, 120 ff., 132, 134, 136 ff., 146, 152 f., 156, 158, 160, 162 f., 188 ff., 192 ff., 208 ff.
Sternenstaub 69, 140
Sternentag 47
Sternschnuppen 66 f., 87 ff., 99
Stickstoff 117, 127, 129
Strahlung 20, 77 f., 80, 106, 109 ff., 130, 137 f., 151, 154 ff., 171, 173
Stunde 45 ff.
Supernova 139 f.
Supervulkane 93

T
Tag 45 ff., 52 ff.
Teilchenbeschleuniger 130, 150

Teleskop 33 f., 36, 99 f., 105, 107 f., 112, 132, 134, 156 ff., 193 ff.
Tempel 1 (Komet) 101
Temporale Stunden 48
Theia 75
Thompson, William 123
Treibhauseffekt 76 ff., 94
Treibhausgase 78 f.
Tsunamis 69, 91
Tunguska 89 f.

U
Uhren 45, 47 ff., 56
Uhrzeit 45 f., 48 ff.
Uranus 57, 192
Urknall 136, 149 ff., 157 ff., 211
UV-Strahlung 106, 109, 111

V
Venus 34 f., 57, 78 f., 192
Vögel 88, 98 f.
Vulkanismus 86, 93 f.

W
Wasser 57, 86 f., 97 ff.
Wasserstoff 126 f., 134 f., 151 f.
Weißer Zwerg 138
Wellen 80 f., 103 ff., 109 ff., 133, 153 ff., 211
Wetter 14, 16, 18, 20, 95
Wilson, Robert 156 f.
Wind 13 f., 17 f., 20 f., 56 f., 94, 123
WISE (Wide-Field Infrared Survey Explorer) 99 f.

Z
Zeit 25 ff., 44 f., 50 ff., 152, 168, 170 ff., 175 ff., 184 f.

Das für dieses Buch verwendete FSC®-zertifizierte Papier
Lux Cream liefert Stora Enso, Finnland.